建筑室内供水管道微生态健康与调控

张海涵　张卉　刘祥　马奔　著

科学出版社

北京

内 容 简 介

本书系统全面地归纳建筑室内供水安全现状及供水管道微生态的研究方法和研究进展；阐述供水管道微生物腐蚀机理和影响因素，解析冬季供暖期和夏季高温期建筑室内供水管道水体滞留引起的细菌微生态变化特征，阐明建筑室内供水管道中真菌微生态对滞留的响应，分析突发藻类污染影响下建筑室内供水管道中细菌微生态的演替特性，探明硝酸盐及天然有机物对腐蚀细菌腐蚀特性的影响。

本书可作为环境科学与工程、给排水科学与工程、环境健康、环境生态工程、微生物生态学和修复生态学等相关专业本科生和研究生的参考书，也可供相关专业研究人员参考。

图书在版编目(CIP)数据

建筑室内供水管道微生态健康与调控 / 张海涵等著. —北京：科学出版社，2023.11

ISBN 978-7-03-076641-0

Ⅰ. ①建… Ⅱ. ①张… Ⅲ. ①建筑-给水管道-环境微生物学-研究 Ⅳ. ①X172

中国国家版本馆 CIP 数据核字(2023)第 194102 号

责任编辑：祝 洁 汤宇晨 / 责任校对：崔向琳
责任印制：师艳茹 / 封面设计：陈 敬

科学出版社 出版
北京东黄城根北街 16 号
邮政编码：100717
http://www.sciencep.com
北京九州迅驰传媒文化有限公司印刷
科学出版社发行 各地新华书店经销

*

2023 年 11 月第 一 版 开本：720×1000 1/16
2025 年 1 月第三次印刷 印张：10 1/2
字数：210 000

定价：118.00 元

(如有印装质量问题，我社负责调换)

前　言

建筑室内供水管道供水安全关系到城镇居民的身体健康。建筑室内供水管道是饮用水分配系统的重要环节，保障室内供水管道饮用水的水质安全已成为研究热点。近年来，随着分子生物学技术飞速发展并应用于供水管道微生态研究中，供水管网中微生物生态特性研究已取得系列成果。本书为以建筑室内供水管道微生态健康与调控为主要内容的实用性著作，旨在加深读者对室内供水管道微生态变化特征的认识与理解。

建筑室内供水管道微生态研究以分子生物学为基础，重点研究微生态的演替规律，解析其与环境因子的偶联机制。为了巩固、推广、应用研究成果，促进管网微生态研究的进一步发展，本书在介绍管网水环境安全现状与微生态研究方法的基础上，以作者研究成果为案例，汇集近年来国内外供水管道微生态研究技术和分析方法的部分成果，力图全面系统地展示建筑室内供水管道微生态演变规律。全书遵循科研成果与应用实践相结合，系统性、实用性与先进性相统一的原则。

作者长期从事建筑供水管网微生态学研究，对环境微生态理论有深刻理解。本书总结多年的科研成果和教学经验，同时引用和借鉴部分国内外著作和教材内容。全书共 8 章，具体内容如下。第 1 章绪论：介绍饮用水水质与微生态安全现状；第 2 章水环境微生态研究方法：介绍微生物数量、活性及群落研究方法；第 3 章冬季室内供暖诱导供水管道滞留水体细菌增殖特征：解析微生态与管道水体水质的偶联机制；第 4 章夏季过夜滞留诱导室内饮用水细菌增殖特征：介绍供水管道细菌数量与活性的变化特性；第 5 章过夜滞留诱导室内供水管道真菌增殖特征：介绍供水管道真菌的研究意义、主要研究方法及增殖特征等；第 6 章藻类有机物对饮用水水质及细菌增殖的影响：介绍突发藻类污染影响下室内管网微生态的演变机制；第 7 章硝酸盐对蒙氏假单胞菌的腐蚀特性影响：介绍硝酸盐影响下蒙氏假单胞菌的腐蚀速率及腐蚀产物特性；第 8 章不同分子量 NOM 对氧化微杆菌的腐蚀特性影响：介绍不同分子量天然有机物影响下氧化微杆菌的腐蚀速率及腐蚀产物特性。

张海涵教授课题组的硕士研究生赵柯欣、潘思璇和刘欢为本书撰写做了辅助性工作，特此感谢。此外，张海涵教授团队毕业硕士研究生徐磊、陈凯歌、王小龙、邬贵林、褚梦婷和李桉轶，张卉副教授课题组的研究生张洁也为本书付出了辛勤劳动，特此感谢。

由于作者水平有限，书中疏漏之处在所难免，恳请广大读者批评指正。

目　　录

第1章 绪　　论

1.1 饮用水安全概述

1.1.1 饮用水安全研究情况

水是生命之源，是保障人类生存和社会发展的必要资源。充足、安全、卫生的饮用水是生命健康的最基本要求。安全饮用水和必备的卫生设施是联合国2030年可持续发展目标之一，对减少贫困、发展经济、保持健康生态等至关重要。当今人类面临的最严重的问题之一是全球饮用水危机。2023年《联合国世界水发展报告》指出，1983～2023年全球用水量以每年约1%的速度增长，在人口增长、社会经济发展和消费模式变化的共同推动下，预计到2050年，全球用水量仍将以类似的速度继续增长；2023年，全球有20亿人缺乏安全健康的饮用水，36亿人缺少必要的卫生设施；发展中国家多种严重的疾病与饮用水不安全、卫生设施不足、卫生习惯不良直接相关。

我国淡水资源仅占全球总量的5%～7%(Qiu，2010)。因此，面对有限的水资源和广泛的水污染，为14亿中国人提供充足、安全、卫生的饮用水是一个巨大的挑战。据统计，1996～2015年我国共有突发饮用水污染案例219起，其中生物性污染、化学性污染、混合性污染案例各占总数的26.0%、60.7%、13.3%(谈立峰等，2018)。水污染环节主要有水源污染(56.2%)、管网污染(23.7%)、自备供水污染(13.2%)及二次供水污染(6.4%)。生物性污染事件的主要污染物为总大肠菌群，化学性污染事件的主要污染物为氨氮、亚硝酸盐、挥发酚类及砷。陈俊(2015)对2009～2014年成都市突发生活饮用水污染事件进行调查，发现在26起生活饮用水污染事件中，生物性污染事件3起，化学性污染事件13起，混合性污染事件10起。综合来讲，饮用水污染以水源污染为主，管网污染次之，且以化学性污染与生物性污染最为突出。

Wang等(2021a)从感官、化学指标、毒理学和微生物指标对我国2007～2018年饮用水水质安全状况进行评估，结果表明我国各省份水质合格率在50%～70%，江苏省合格率最高，云南、贵州、海南等省份合格率较低，这三个省份微生物指标合格率最低，均在85%以下。我国饮用水卫生状况不理想，影响水安全的最大风险是微生物污染。同时，我国饮用水供水工程存在供水设施落后、设备老化、管网渗漏等不足。与化学性污染不同，微生物污染是增殖的、继发的和传染性的。微生物的爆炸式增殖会导致水质恶化，并产生异味或毒素，引起二次污染。水介导的致病微生物可通过饮食、气溶胶和接触传播，危害人类健康(Zhou et al.,2021)。

1. 消毒副产物

消毒副产物(disinfection by-product，DBP)指水中的各类天然有机物、人工有机物与消毒剂反应生成的可能对人体产生“三致”作用的副产物，这类物质具有高致癌性风险(Rook，2002)。已经鉴定出 700 多种不同的 DBP，其中包括含碳 DBP、含氮 DBP、亚硝胺类 DBP、甲醛等。

天然有机物(natural organic matter，NOM)作为 DBP 常见的前体物，含有各种官能团，如羧基、芳香环、氨基和羟基等，容易与氯反应。氯常与水中的 NOM 发生亲电取代反应、加成反应、氧化反应等反应，其产物经过水解生成 DBP，同时氯也会与水中的溴化合物、碘化合物发生取代、加成等反应(Bond et al.，2012)。氯与芳香族化合物发生亲电取代反应。在给电子基团和邻对位导向基团(如苯丙醇)存在时，分别在 2、4 和 6 位发生分步氯代反应。芳香族化合物在亚硝酸盐存在下进行氯化反应时也可以作为卤硝基甲烷的前体。芳香族化合物的反应性可以用取代基的失电子或给电子影响来解释(汪洪涛，2011；Deborde et al.，2008)。

2. 铁腐蚀

供水管道是城市饮用水分配系统中最重要的设施之一。我国现有的供水管道多为金属管道(>90%)，并且金属管道在新建的管网设施中仍然占据主要地位(>85%)(郭浩等，2020)。金属管网的腐蚀问题是不可忽略的，金属管网的腐蚀通常导致管网易损化严重，腐蚀垢的存在吸附了大量的有机物和微生物，并且增大了管网运输阻力，从而限制管道的输水能力。

研究表明，饮用水供水金属管道的外层管垢平滑致密，而内衬管垢多孔密实。外层与内层管垢的主要成分分别为α-FeOOH 等三价铁化合物和 Fe_3O_4 等二价铁与三价铁共同存在的化合物(牛璋彬等，2006)。另外，水质(硫酸根离子浓度、氯离子浓度、溶解氧浓度、温度、pH、碱度、钙硬度)、微生物、水力条件的改变和水源水质的改变均会对金属管道腐蚀产生影响(Wang et al.，2021a，2021b；郭浩等，2018；Hu et al.，2018；Sun et al.，2017；Masters et al.，2015；Liu et al.，2013a)。Hu 等(2018)分别针对铸铁管内输送混合水、地表水和地下水，研究水源切换对管道铁腐蚀的影响，结果表明 Cl^-浓度或 SO_4^{2-} 浓度与铁的释放呈正相关作用，碱度和钙硬度则与铁释放呈负相关作用。郭浩等(2018)探究不同流速对腐蚀速率和腐蚀结构的影响，结果表明流速增加了管道腐蚀速率，腐蚀结构从 $FeCO_3$ 和 Fe_3O_4

逐渐转化成稳定性更强的 α-FeOOH。另外，生物膜对管道腐蚀起着重要作用，当铁氧化细菌在生物膜中占主导作用时会促进管道铁腐蚀，但当铁还原菌和硝酸还原菌成为生物膜的主要细菌时，可诱导铁在腐蚀过程中发生氧化还原循环，进而促进氧化铁的沉淀和腐蚀垢中 Fe_3O_4 的形成，有效地抑制铁腐蚀(Huang et al., 2021)。

3. 二次供水

随着城市的快速发展，饮用水输配系统面临着供水范围变广、供水压力不足等问题，二次供水已经成为常用的解决高层市政供水压力不足问题的方法。二次供水可以通过直接在管道上加压，或是将储水箱中的水加压配送两种方式完成。然而，二次供水极易造成二次污染，病菌、重金属等导致的水污染事件层出不穷。2021 年 1 月 16 日，上海市某小区二次供水管道破裂引发污水渗入，自来水产生异味，并造成多位居民出现腹泻呕吐情况(叶华等,2021)；王松松等(2018)对 2014～2016 年烟台市饮用水水质进行检测，二次供水合格率仅为 73.33%，出厂水、末梢水合格率分别为 100.00%、82.92%，二次供水合格率显著低于出厂水和末梢水。

二次供水系统通常比较简单，主要由储水罐和水泵组成。一旦储水罐大小与用水量不匹配，可能引发换水量低、滞水时间长的风险，进而引起水体余氯衰减、金属释放、浊度增加及微生物增殖等问题(Zhang et al., 2021a, 2021b; Miyagi et al., 2017)。研究表明，与一次供水相比，二次供水具有更高的微生物风险(Hu et al., 2021；王松松等，2018；Li et al.，2018；Miyagi et al.，2017)。Hu 等(2021)对我国东南部某大型城市 12 个居民小区二次供水点进行采样并监测，结果显示二次供水系统中军团菌属(*Legionella*)丰度显著增加，同时在水箱中检测出肠球菌属(*Enterococcus*)、棘阿米巴属(*Acanthamoeba*)和哈曼属原虫(*Hartmannella vermiformis*)等潜在病原微生物。Li 等(2018)同样发现在二次供水系统中，储水箱会诱导饮用水中微生物种群结构发生改变，在储水箱及后续管道中检测出嗜肺军团菌(*Legionella pneumomhila*)、棘阿米巴属(*Acanthamoeba*)等致病微生物的基因。因此，应加强城市二次供水微生物风险监测的频率和范围，以达到防控水媒传染病的目的。

4. 机会致病菌

机会致病菌(opportunistic pathogen，OPPP)是可通过水传播或气溶胶扩散的一类致病菌。它能够广泛适应市政管网环境，在市政管网中生存并繁殖。供水管道中常见 OPPP 如表 1.1 所示。大量研究对 OPPP 的共同特征进行了报道，包括耐高温、较强的抗消毒剂能力、能够依附于生物膜生存、能够适应低溶解氧(dissolved oxygen，DO)及低总有机碳(total organic carbon，TOC)的寡营养环境等(Huang et al.,

2021； Tarazi et al.，2021；Wang et al.，2021b，2018；Lu et al.，2017；Falkinham III，2015；Falkinham III et al.，2015)。Huang 等(2021)对我国华东地区 4 个饮用水处理和分配系统中 OPPP 的发生情况进行了调查，结果表明 OPPP 的数量和浊度与化学需氧量(chemical oxygen demand，COD)呈正相关关系，与自由氯浓度呈负相关关系。Lu 等(2017)利用定量聚合酶链反应(qPCR)技术对浴室内自来水和淋浴水中 OPPP 丰度进行检验，OPPP 丰度由高到低分别为分枝杆菌(*Mycobacterium* sp.)、军团菌(*Legionella* sp.)、铜绿假单胞菌(*Pseudomonas* sp.)和棘阿米巴(*Acanthamoeba* sp.)。

表 1.1 供水管道中常见的机会致病菌

致病菌	症状	参考文献
嗜肺军团菌(*Legionella pneumophila*)	急性发热、呼吸道疾病	Wang et al.，2021a；Heuner et al.，2008
鸟分枝杆菌(*Mycobacterium avium*)	肺部非结核性分枝杆菌感染	李红等，2015；Madigan et al.，2006
铜绿假单胞菌(*Pseudomonas aeruginosa*)	褥疮、脓肿、化脓性中耳炎等	李红等，2015
志贺氏菌(*Shigella* sp.)	细菌性痢疾	Seidlein et al.，2006
嗜水气单胞菌(*Aeromonas hydrophila*)	感染性腹泻、继发感染、败血症等	Lynch et al.，2002
鲍曼不动杆菌(*Acinetobacter baumanii*)	菌血症、肺炎、脑膜炎、腹膜炎、心内膜炎以及泌尿道和皮肤感染	Herruzo et al.，2004

此外，OPPP 在饮用水分配系统中的生长与微污染物存在联系。微污染物增加了带有抗生素抗性基因(antibiotics resistance gene，ARG)的细菌数量，同时促进耐药菌胞外聚合物(extracellular polymeric substance，EPS)的产生，导致细菌聚集和吸附能力增强，增加耐氯能力，造成饮用水分配系统中颗粒相关 OPPP 增多(Wang et al.，2021a)。Zhang 等(2021b)对我国北方某城市冬季供暖条件下室内管道滞留水体微生物种群结构进行调查，表明滞留之后分枝杆菌、假单胞菌等致病菌的丰度显著增加，温度和滞留时间与 OPPP 丰度存在正相关关系。

1.1.2 饮用水中的污染物

我国饮用水处理一般采用常规处理工艺，即混凝、沉淀、过滤、消毒，但是净化效果有限，不能完全去除水中的有害物质(Shang et al.，2018；Su et al.，2018)。饮用水中常见的污染物如表 1.2 所示。

表 1.2　饮用水中常见污染物

污染物	来源	影响	参考文献
天然有机物	既包括陆生动植物经分解产生的外源有机物，又包括水中鱼类及微生物代谢产生的内源有机物	可以产生颜色和臭味，作为金属离子和有机污染物的载体；促进管道中的铁腐蚀；消耗管网中的消毒剂；为管网系统中微生物的生长提供营养；是消毒副产物的主要前体物质	Khan et al., 2021；李凯等，2018；Rook，2002
微囊藻毒素(microcystin，MC)	富营养化水体中藻类大量死亡伴随着释放 MC，目前确认产 MC 的蓝藻主要有微囊藻属、浮丝藻属等	MC 会产生嗅味，具有很强的肝脏毒性，可能致使使用人群肾功能损伤	Shang et al., 2018；范亚民等，2018
土臭素(geosmin，GEO)	由水源水藻类死亡裂解释放次级代谢产物产生；由大量的孢子形成丝状细菌链霉菌属和其他放线菌产生	易产生土霉味	张海涵等，2020
硝基苯类	水源水污染	硝基苯类物质可通过各种途径进入人体，造成消化、呼吸及神经系统等损害，并具有致突变性和致癌性	邹海民等，2016；Kovacic et al.，2014；Deborde et al.，2008；Bond et al.，2012
亚硝胺类(*N*-nitrosamine，NA)	水中天然有机物在消毒剂、光照等条件下生成亚硝胺类消毒副产物	大部分 NA 化合物被列为可疑致癌物	李志刚等，2017
重金属类	水源水污染、残留水处理药剂、管道释放、水源水切换、消毒剂改变、生物积累	具有很强的吸附能力和极大的吸附容量，会吸附饮用水中存在的胶体、微生物等污染物；促进铁细菌的繁殖；与抗生素抗性基因共同组成微生物选择驱动机制	张盛楠等，2021；Rilstone et al.，2021；Wang et al.，2021b；Sun et al.，2017
三卤甲烷(trihalomethane，THM)	主要是由水中天然有机物生成的一系列三卤甲烷类消毒副产物	慢性摄入 THM 会造成膀胱癌、肾脏肿瘤、肝脏肿瘤、结肠直肠癌	Khan et al.，2021
药物及个人护理品(pharmaceuticals and personal care product，PPCP)	工业和生活废水、医院废水及农业、牲畜和水产养殖的径流	长期摄入 PPCP 会对人体健康产生威胁，部分 PPCP 会诱导细菌产生抗药性从而对人体健康产生威胁	Borrull et al.，2021；王琦等，2018；Vulliet et al.，2011
抗生素抗性基因(antibiotic resistance gene，ARG)	水源水库扩散、管道生物膜的释放	管道内微生物抗药性增强，增加微生物安全风险	Rilstone et al.，2021；Su et al.，2018

续表

污染物	来源	影响	参考文献
N-氯代亚胺	水中氨基酸经氯(胺)消毒后衍生的一类重要副产物	易引起饮用水强烈的氯嗅问题	卢泳珊等，2020；Bond et al.，2012

1.1.3　饮用水水质评判标准

众所周知，长期接触受污染水体会对健康产生重大影响。饮用水中重金属、硝酸盐等污染物对人类的影响是慢性的，往往被定义为“无声的杀手”。因此，饮用水标准的充分性及其细致执行是维护人类健康重中之重的问题。与饮用水有关的大量疾病暴发证明了饮用水水质标准需要时刻起保障作用并且不断地重新评估，特别是要考虑各种新出现的污染物等。通过了解国内外水质指标情况，对现行的饮用水中微生物标准进行对比(表 1.3)。

表 1.3　国内外微生物标准对比

项目	我国国标	世界卫生组织《饮用水水质准则》(第四版)	美国国家环境保护局饮用水水质标准(2018 年)	欧盟饮用水水质指令(2020 年)
菌落总数/(CFU/mL)	100	—	500	100(20℃)；20(37℃)
总大肠菌群数	0	0/100mL	0	—
耐热大肠菌群数	0	0/100mL	—	—
大肠埃希氏菌数	0	0/100mL	—	0/250mL
贾第鞭毛虫数	<1 个/10L	—	99.99%去除或灭活	—
隐孢子虫数	<1 个/10L	—	0	—
浑浊度/NTU	1	—	滤后水样低于 0.3	—
病毒数	—	—	99.99%去除或灭活	—
军团菌数	—	—	0	—
粪大肠菌群和大肠杆菌数	—	—	0	—
肠球菌数	—	0	—	0/250mL
铜绿假单胞菌数	—	—	—	0/250mL
产气荚膜梭菌数	—	0	—	0/250mL
大肠杆菌噬菌体数	—	0	—	—
脆弱拟杆菌噬菌体数	—	0	—	—

1) 我国饮用水水质评判标准

2022 年 3 月 15 日，新版《生活饮用水卫生标准》(GB 5749—2022)发布，于

2023年4月1日施行。新国标把消毒和毒理指标要求放在重要的位置，更关注新问题，增加了新兴污染物、消毒副产物等新指标，将检出率较高的一氯二溴甲烷、二氯一溴甲烷、三溴甲烷、三卤甲烷、二氯乙酸、三氯乙酸6项消毒副产物指标从非常规指标调整到常规指标，以加强管控(张怡然等，2022)。更注重用户感官体验，将土臭素、2-甲基异莰醇调整至正文指标，对出厂水及末梢水余氯上限也作了调整，且化学物质和放射性物质不得危害人体健康。根据水质指标的监测意义及在人群健康效应或毒理学方面最新的研究成果，结合我国的实际情况，调整了8项指标的限值，包括硝酸盐(以N计)、浑浊度、高锰酸盐指数(以O_2计)、游离氯、硼、氯乙烯、三氯乙烯和乐果。氯消毒在我国仍是广泛采用的饮用水消毒方式，部分消毒副产物指标在我国饮用水中检出率较高，且对人体健康有一定的毒副作用，需加强检测和监管。调整了11项指标的分类，包括一氯二溴甲烷、二氯一溴甲烷、三溴甲烷、三卤甲烷(三氯甲烷、一氯二溴甲烷、二氯一溴甲烷、三溴甲烷的总和)、二氯乙酸、三氯乙酸、氨(以N计)、硒、四氯化碳、挥发酚类(以苯酚计)和阴离子合成洗涤剂(张金松等，2022)。其中，一氯二溴甲烷、二氯一溴甲烷、三溴甲烷、三卤甲烷、二氯乙酸、三氯乙酸由2006年版国标的“非常规指标”调整为新国标“常规指标”中的“毒理指标”。同时，新国标明确表示，生活饮用水中不得含有病原微生物，总大肠菌群、大肠埃希氏菌均不得检出，贾第鞭毛虫和隐孢子虫<1个/10L，菌落总数不得超过100CFU/mL。

2) 国外饮用水水质评判标准

世界卫生组织、欧盟、美国的水质标准是目前国际上公认的先进、安全的水质标准，也是各国制订标准的基础或参照，澳大利亚、加拿大、日本等国参照上述三大标准来制订本国的饮用水标准。根据世界卫生组织的规定，饮用水质量主要包括了化学物质、微生物、放射性物质及影响水体外观、味道和气味的因素。世界卫生组织现行水质标准为2011年第四版《饮用水水质准则》(马骉等，2016)，涵盖经证实的水源性疾病病原体微生物指标28项，其中细菌12项，病毒8项，原虫6项，寄生虫2项，这些微生物均可通过饮用水传染疾病。美国现行饮用水水质标准由美国国家环境保护局2018年颁布，分为国家一级饮用水规程和二级饮用水规程(马骉等，2016)。国家一级饮用水规程中规定了8项微生物指标，分别为菌落总数、总大肠菌群、贾第鞭毛虫、隐孢子虫、浑浊度/NTU、病毒、军团菌、粪大肠菌群和大肠杆菌。1998年11月，欧盟通过了新的饮用水水质指令98/83/EC。2020年12月，欧盟在修订98/83/EC的基础上发布了新版的饮用水水质指令(EU)2020/2184(高圣华等，2022)，其中微生物指标5项，分别为菌落总数、大肠埃希氏菌、肠球菌、铜绿假单胞菌、产气荚膜梭菌。值得注意的是，欧盟指令中关于监测饮用水质量方法的规定仍具有一定的延迟和限制。水质标准应具有完整性、全面性、充分性并且实时监控。

1.2 管道饮用水微生态特征

1.2.1 管道饮用水微生物的来源

饮用水从水源地到用户家中，从地表输送到饮用水厂，经过过滤、混凝、沉淀、消毒等工艺，出厂水质已经达到《生活饮用水卫生标准》(GB 5749—2022)要求。进入饮用水分配系统管网后，随着输送距离增加，水中细菌总数增加、水质恶化。同时，饮用水中细菌种群结构也发生了巨大的变化。饮用水中的细菌来自水源、水厂处理、细菌增殖、生物膜分离和沉积物释放(Zhou et al.，2021；Ji et al.，2017；Liu et al.，2017a；Zlatanović et al.，2017；Prest et al.，2016)。

Li 等(2017)通过对我国某水厂进行 9 个月的持续调查，发现水厂处理过程对细菌生物量和群落波动的影响显著，在过滤环节影响最为明显，且可培养细胞的比例在处理过程中下降。同样有研究认为，混凝、沉淀和消毒是影响细菌种群结构多样性和组成的主要工艺(蔡广强等，2020)。Alfredo(2021)研究了氯胺消毒系统管道中微生物细胞数与种群结构的变化，结果显示只有在氯胺和游离氯消毒期间保持高氯残留量的采样点，水体中微生物群落发生了显著变化；即使在这些采样点，水样中微生物多样性与生物膜也存在极大的相似性。

饮用水分配系统(drinking water distribution system，DWDS)中存在大量生物膜和松散沉积物，具有管径小、管道与水作用面积大、反应速率快的特点(Ling et al.，2018)。DWDS 中微生物动态生态位在物种选择、漂移和扩散过程中具有空间异质性(El-Chakhtoura et al.，2018)。由于氯残留、溶解氧和水力波动等参数的不同，管道输送的影响表现为 DWDS 中微生物的空间动态，DWDS 的长度和复杂性将进一步放大这些空间动态(Bian et al.，2021)。

Liu 等(2018)利用高通量测序(high-throughput sequencing，HTS)和微生物源追踪(microbial source tracking，MST)技术对饮用水中微生物的来源进行追溯，结果表明自来水中浮游细菌以处理水中浮游细菌为主(贡献率 17.7%～54.1%)；在分配系统中，颗粒相关的细菌群落以沉积物(贡献率 24.9%～32.7%)和生物膜(贡献率 37.8%～43.8%)相关的细菌群落为主。松散沉积物和生物膜对自来水中的浮游细菌和颗粒相关细菌产生显著影响，同时浮游细菌和颗粒相关细菌受水力变化的影响。从近端到远端可能的水力扰动使沉积物对自来水浮游细菌的贡献率增加(贡献率从 2.5%增加到 38.0%)，使生物膜对自来水颗粒相关细菌的贡献率增加(贡献率从 5.9%增加到 19.7%)。Ling 等(2018)发现，当管道中饮用水滞留 6d 之后，细菌总数从 10^3 个/mL 增长到 7.8×10^5 个/mL；通过构建岛屿生物地理模型(island biogeography model)，发现供水管道内新鲜水中微生物符合中性模型，越靠近取水末端越偏离中性模型，滞留水体中微生物种群结构与生物膜中具有高度重复性。除此之外，管道内细菌的再生也是 DWDS 中细菌数增加的主要原因之一。在实际 DWDS 中，饮用水在管道中的滞留是不可避免的，滞留为细菌再生创造了条件(Zlatanović et al.，2017)。Zhang 等(2021a)对我国北方某城市室内供水管道过夜滞留水体细菌生态进行研究，结果表明过夜滞留之后总细胞数增长了 59%～231%，其中夏季细胞总数的增长倍数最大，同时细菌代谢活性也在夏季达到峰值。另有研究表明，在冬季室内供暖条件下，管道饮用水中微生物在过夜滞留之后细胞总数和总三磷酸腺苷(adenosine triphosphate，ATP)浓度分别增加了 1.53 倍和 1.35 倍。

1.2.2　管道内微生物增殖的影响因素

1. 温度

温度被认为是影响管道微生物增殖和种群结构的关键因素。Zlatanović 等(2017)研究了夏季和冬季供水管道生物膜和水体中滞留 168 h 期间细菌数量、细菌活性和种群结构的变化，发现夏季水样中细胞总数、完整细胞数、异养平板计数及 ATP 浓度均高于冬季。Zhang 等(2021a)通过对一年中供水管道新鲜水体与过夜滞留水体中细菌数量、细菌活性和种群结构进行研究，同样验证了供水管道夏季新鲜水体和滞留水体中细菌数量和细菌活性均高于其他季节，温度与细菌数量和细菌活性呈显著正相关。有趣的是，春季细菌种群结构丰度最高，并非夏季，这可能是温度过高反而导致微生物多样性减少。Ji 等(2017)的研究证实了这一点，其对热水器管道内微生态对于不同温度和不同用水频率的响应进行了较为细致的研究，在 39℃下将管道培养两个月，而后分别设置温度 19℃、39℃、42℃、48℃、51℃和 58℃进行实验。结果表明，温度<19℃的 α 多样性小于 20～25℃，当温度过高(>39℃)时，α 多样性同样会减小。当温度处于 39℃时，军团菌属(*Legionella*)丰度达到最高，后续温度升高抑制了军团菌属的增长。Lu 等(2017)基于温度对分枝杆菌属(*Mycobacterium*)、军团菌属(*Legionella*)和棘阿米巴属(*Acanthamoeba*)等 OPPP 的影响进行了探究，结果表明温度在 19～49℃时，OPPP 的数量与种类具有显著相关性。军团菌属(*Legionella*)在 19～36℃的饮用水中丰度高于 21～49℃，而分枝杆菌属(*Mycobacterium*)则相反，21～49℃的饮用水中丰度高于 19～36℃。

关于温度对生物膜中微生物的影响，已有研究表明，在生物膜成型阶段 30℃比 25℃更加促进生物膜的成形(Ahmad et al.，2021)。研究还表明，虽然较高的温度促进了生物膜中初级定植细菌的生长，但这并不会导致实验结束时微生物多样性和组成的差异。Inkinen 等(2014)对不同温度下生物膜的形成过程进行检测，得到低温条件下生物膜的可培养和可活生物量、ATP 水平高于热水系统，而总微生物细胞总数与热水系统相似。另外，Ji 等(2017)研究发现，温度升高导致生物膜与饮用水中共有的运算分类单元(operational texonmic unit，OTU)增加，温度促进了生物膜中的细菌向饮用水扩散。

2. 消毒剂

我国饮用水厂常用的消毒技术包括物理法和化学法。其中最常用的物理法是紫外线灭菌法，其原理是通过破坏细菌的菌体蛋白达到消毒的目的。化学法是将化学消毒剂加入水体中，利用氧化作用破坏菌体。我国的化学法消毒技术已经十分成熟，常用的饮用水消毒剂包括次氯酸钠、液氯、二氧化氯、氯胺和过氧乙酸等。

大量研究表明，自由氯浓度与细菌数量呈显著负相关关系(Tong et al.，2021；Li et al.，2020；Zhang et al.，2015；Roeder et al.，2010)。另外，不同种类的消毒剂对管道内细菌的影响存在差异。Li 等(2020)对氯化管道和氯胺化管道的微生物群落组成结构和功能分别进行研究，结果表明 α-变形菌纲(Alphaproteobacteria)(相对丰度 39.14%～80.87%)和放线菌门(Actinobacteria)(相对丰度 5.90%～40.03%)在氯化管道中处于优势地位，在氯胺化管道中处于优势地位的是 α-变形菌纲(Alphaproteobacteria)(相对丰度 17.46%～74.18%)和 β-变形菌纲(Betaproteobacteria)(相对丰度 3.79%～68.50%)。在属水平上，*Phreatobacter* 在氯化管道中占优势，而在氯胺化管道中受到了抑制。Roeder 等(2010)分别模拟了游离氯、二氧化氯、过氧化氢和过氧乙酸饮用水消毒系统对管道生物膜中细菌的灭活效果，结果表明不同消毒剂对管道微生物种群结构分布皆有影响，并受消毒剂种类和浓度的控制，其中过氧化氢处理前后生物膜细菌种群结构相似，而过氧乙酸处理前后生物膜中细菌种群结构差异显著。

不同的消毒剂投加方式也会影响细菌的生长。Li 等(2020)分别评估连续二次加氯和间隔二次加氯这两种加氯方式下二次供水水箱中微生物的消毒效果、种群结构变化。当采用间隔二次加氯时，自由氯浓度仅能短期维持在较高水平(>0.05mg/L)。第一次加氯，2h 后细菌数已经开始增加，第二次加氯后细菌数短暂下降后急剧增加；当采用连续二次加氯时，余氯浓度可以长时间维持在>0.05mg/L 的水平，同时细胞数没有回升。连续二次加氯比间隔二次加氯更能有效地控制生物膜和水样中的细菌再生。连续二次加氯后，细菌多样性略有下降且低于间隔二次加氯。在间隔二次加氯模式下，芽孢杆菌属(*Bacillus*)成为优势属，而在连续二次加氯模式下，鞘氨醇菌属(*Sphingobium*)丰度逐渐增大并占据主要地位。

另外，管道内细菌数和细菌的种群结构主要受到消毒剂残留量的影响(Stanish et al.，2016)。研究表明，当余氯浓度< 2mg/L 时，群落特性保持不变；当余氯浓度增加到 2～4mg/L 时，菌群特性减弱，显著影响菌群对消毒剂的抗性。随着浓

度的进一步增加，当余氯浓度>4mg/L 时，微生物群落对消毒剂的抗性无显著差异(Zhu et al., 2021)。同样，有研究报道了供水管道中总余氯浓度在 10～15mg/L 时显著降低了分配系统中细菌的多样性、丰度和种类(Bal Krishna et al., 2020)。

3. 管材

供水管道系统中常见的管材包括镀锌钢管、钢管、铸铁管和聚乙烯管等，主要影响管道内的腐蚀行为、管道垢和生物膜基质(Liu et al., 2017b)。管材是影响饮用水与生物膜中病原菌和微生物群落培养能力的重要因素。Fu 等(2021)检测了镀锌钢管、钢管、铸铁管和聚乙烯管生物膜附着细菌的数量，结果表明金属管道生物膜中附着的细菌数量显著低于聚乙烯管，镀锌钢管表面光滑，管壁上附着的细菌数最少，而铸铁管与钢管差异不显著。Learbuch 等(2021)的研究表明，军团菌属(*Legionella*)、分枝杆菌属(*Mycobacterium*)、假单胞菌属(*Pseudomonas*)、气单胞菌属(*Aeromonas*)和棘阿米巴属(*Acanthamoeba*)的 OUT 数呈现出 PVC 管和 PE 管高于玻璃管和铜管的趋势，ATP 浓度呈现玻璃管<铜管<PVC 管<PE 管趋势。

管材通过对水体中重金属浓度和浊度产生影响，进而影响管道饮用水中微生物的种群结构(Wang et al., 2014)。Li 等(2020)研究发现，生长在铸铁管中的微生物与生长在不锈钢管、铜管和聚氯乙烯管中的微生物存在较大差异。脱氯单胞菌(*Dechloromonas* sp.)在铁管道系统中占优势地位(40.08%)，其他管道中细菌种群主要为 α-变形菌纲(Alphaproteobacteria)(17.46%～74.18%)和 β-变形菌纲(Betaproteobacteria)(3.79%～68.50%)。脱氯单胞菌(*Dechloromonas* sp.)作为优势菌群说明铸铁表面出现了缓蚀现象，并形成致密的腐蚀层。另外，有研究表明金属管道材料可以通过共选择过程对携带 ARG 和金属抗性基因(metal resistance gene, MRG)的细菌进行选择，金属供水管道中产生的腐蚀产物(铜、铁和铅氧化物)也可能在分配过程中刺激抗生素耐药性的选择(Kimbell et al., 2020)。

4. 滞留时间

饮用水在管道中的滞留是不可避免的，滞留会造成管道中游离氯的消散，并对某些管道中铁、铅、铜和锌浓度有选择性影响，导致水质的恶化(Ji et al., 2015)。不仅如此，随着滞留时间的增长，细菌总数和细菌多样性增加。滞留后军团菌属(*Legionella*)、分枝杆菌属(*Mycobacterium*)、鸟分枝杆菌(*Mycobacterium avium*)、铜绿假单胞菌(*Pseudomonas aeruginosa*)和棘阿米巴属(*Acanthamoeba*)等机会致病菌丰度增加，严重危害了用户的健康(Zhang et al., 2021a)。尤其在内部覆盖生物膜的管道中，水滞留 48h 后感染风险更高，与没有生物膜的情况相比，生物膜在 48h 滞留期间的腐蚀导致感染风险增加 6 倍(Huang et al., 2020)。Zhang 等(2020)研究了过夜滞留期间耐药菌(antibiotic-resistant bacteria, ARB)的变化。滞留期间，随着异养平板计数的增加，水体中抗生素的耐药菌数量及其与异养平板计数比值均上升，说明滞留期间管网水中 ARB 的流行率增加。此外，当管道水滞留 12h 时，与发酵相关的细菌数也有所增加，随着滞留时间继续增加，发酵相关细菌数变化不显著。

1.3　管道饮用水微生物腐蚀

1.3.1　微生物腐蚀机理

在以铸铁管为管材的供水管道中，按照腐蚀机理，腐蚀主要分为电化学腐蚀和微生物腐蚀(microbiological influenced corrosion)。这两种腐蚀既有区别，又有一定的联系，通过物理、化学、生物相互作用，造成金属供水管道的腐蚀(金奎哲，2019)。微生物腐蚀主要是指附着在管道内壁上的微生物通过自身的生命活动及其产生的代谢产物与金属管道内壁相互作用，从而对腐蚀反应产生较大的影响。

微生物腐蚀由于其在腐蚀过程中的复杂作用而受到人们的关注，它既可以加速金属材料的腐蚀，也可以在一定条件下抑制腐蚀的进行。例如，厌氧的硫酸盐还原菌、好氧的铁细菌等是被认为引起供水管道微生物腐蚀的主要细菌，在腐蚀的供水管道内壁中经常被检测出(Cloete et al.，2003)。相关研究发现，铁细菌在实验初始阶段加速了腐蚀，随着实验的进行，腐蚀速度不断加快(Starosvetsky et al.，2001)。已有越来越多的研究表明，在管道内壁形成的生物膜对金属材料腐蚀具有保护作用(Zhu et al.，2014；Zhang et al.，2010)。

在自来水随供水管道输送至用户时，水中含有的少量有机物或无机粒子会附着在管道内壁，在引起管道腐蚀的同时为微生物附着提供了活性位点，促进微生物在管道内壁的附着；随着腐蚀的加剧，管道内壁产生的腐蚀产物为微生物的附着和生长繁殖提供良好的环境(齐北萌等，2016)。由于微生物的附着是高度自发的过程(王伟等，2007)，随着微生物不断附着在管道内壁，会在管道内壁形成生物膜，生物膜为之后微生物的附着和生长提供场所。生物膜主要由微生物本体、微生物分泌的胞外聚合物、腐蚀产物及水中存在的无机矿物和少量有机物组成(Jin et al.，2015；范梅梅等，2010)。有研究表明，固着在金属管道内壁的微生物比浮游在管道水中的微生物对金属材料腐蚀作用更明显(Liu et al.，2013b)。

造成微生物腐蚀的细菌包括硫酸盐还原菌、硫氧化菌、铁细菌(又称铁氧化菌)、铁还原菌、硝酸盐还原菌、硝化细菌、产酸菌、产黏液菌等。其中，对于铁细菌和硫酸盐还原菌研究较多。

1. 铁细菌

铁细菌(iron-oxidizing bacteria，IOB)主要指可以将 Fe^{2+}氧化成 Fe^{3+}，从而获得维持细菌生长代谢活动所需能量的细菌。在铁细菌生物酶的催化作用下，Fe^{2+}的氧化速率远远高于一般的化学氧化(翟芳婷等，2015)。根据需氧情况，铁细菌主要分为好氧型铁细菌和厌氧/缺氧型铁细菌，存在于供水管道的铁细菌多数属于好氧型铁细菌。铁细菌通过将 Fe^{2+}氧化成 Fe^{3+}来获得细菌生长代谢所需能量，促进供水管道金属材料腐蚀，使得腐蚀过程中形成的可溶于水中的 Fe^{2+}转变为较难溶的三价铁化合物(如氢氧化铁)，并吸附沉积在供水管道内壁表面。随着沉淀的不断积累，金属管道内壁会形成形状不规则且结构较稳定的管垢，从而导致供水管道堵塞。此外，水中含有的溶解氧作为阴极区，管道内壁表面铁作为小的阳极点，构成一个原电池，导致金属管道内壁发生局部腐蚀(Liu et al.，2016；Wakai et al.，2014)。铁细菌对金属材料的整个腐蚀电化学反应方程式如下(刘宏伟等，2017)。

阳极反应：

$$Fe-2e^{-} = Fe^{2+} \tag{1.1}$$

$$Fe^{2+}-e^{-} = Fe^{3+} \tag{1.2}$$

阴极反应：

$$1/2O_2+H_2O+2e^{-} = 2OH^{-} \tag{1.3}$$

$$Fe^{2+}+2OH^{-} = Fe(OH)_2 \tag{1.4}$$

$$4Fe(OH)_2+O_2+2H_2O = 4Fe(OH)_3 \tag{1.5}$$

总反应：

$$4Fe+3O_2+6H_2O = 4Fe(OH)_3 \tag{1.6}$$

由于 $Fe(OH)_3$不稳定，会形成更稳定的铁的氧化物：

$$2Fe(OH)_3 = Fe_2O_3\cdot 3H_2O,\quad Fe_2O_3\cdot 3H_2O = Fe_2O_3+3H_2O \tag{1.7}$$

$$Fe(OH)_3 = FeOOH+H_2O \tag{1.8}$$

$$3Fe(OH)_2+1/2O_2 = Fe_3O_4+3H_2O \tag{1.9}$$

$$8FeOOH+Fe^{2+}+2e^{-} = 3Fe_3O_4+4H_2O \tag{1.10}$$

2. 硫酸盐还原菌

硫酸盐还原菌(sulfate-reducing bacteria，SRB)主要在厌氧环境下生存，经过研究的不断深入，发现一些 SRB 在兼性厌氧的条件下也可以保持一定时间的存活，但是总的情况下 SRB 对氧气还是敏感的，因此要保证其生长繁殖就要保证其生长的环境是无氧的(Liu et al.，2013c)。在供水管道内壁形成的管垢和腐蚀产物内层可以发现 SRB 的存在，SRB 也是引起金属管道腐蚀的主要细菌。SRB 在厌氧环境下，通过将硫酸盐还原成 S^{2-}和硫化氢获取细菌生长代谢的能量，从而加速管道内壁金属材料的腐蚀(Li et al.，2012)。

根据相关的研究，SRB 腐蚀机理主要有以下几种：阴极去极化理论、浓差电池理论、代谢产物酸腐蚀理论、阳极区固定理论等(郎序菲等，2009)。其中，阴极去极化理论是目前最经典且被人们普遍认同的理论。该理论认为，SRB 能促进金属管道腐蚀，主要是因为 SRB 能够将金属表面的氢离子去除，反应方程式如下。

阳极反应：

$$4Fe - 8e^- = 4Fe^{2+} \tag{1.11}$$

水解反应：

$$8H_2O = 8H^+ + 8OH^- \tag{1.12}$$

阴极反应：

$$8H^+ + 8e^- = 8H \tag{1.13}$$

硫酸盐还原反应：

$$8H + SO_4^{2-} = S^{2-} + 4H_2O \tag{1.14}$$

沉积反应：

$$\begin{aligned} Fe^{2+} + S^{2-} &= FeS \\ 3Fe^{2+} + 6OH^- &= 3Fe(OH)_2 \end{aligned} \tag{1.15}$$

总反应：

$$4Fe + SO_4^{2-} + 4H_2O = FeS + 3Fe(OH)_2 + 2OH^- \tag{1.16}$$

3. 硝酸盐还原菌

硝酸盐还原菌(nitrate-reducing bacteria，NRB)是将 NO_3^- 在硝酸还原酶作用下还原成 NO_2^- 、N_2 或 NH_4^+ 的细菌。有相关人员研究发现，在生物膜下，金属失去电子，硝酸盐还原菌促进 NO_3^- 获得电子被还原，从而促进金属点蚀的发生，并提出了“生物阴极硝酸盐还原理论”，反应方程式如下(Wan et al.，2017)。

阳极反应：

$$Fe - 2e^- = Fe^{2+} \tag{1.17}$$

阴极反应：

$$2NO_3^-+10e^-+12H^+ = N_2+6H_2O \tag{1.18}$$

$$NO_3^-+8e^-+10H^+ = NH_4^++3H_2O \tag{1.19}$$

4. 其他腐蚀菌

产酸菌主要指在生长代谢过程中产生酸性物质的细菌，其分泌的酸性物质导致管道水或其附着的金属管道附近 pH 降低，加速金属的溶解，从而促进金属的腐蚀(Xu et al.，2016)。

产黏液菌又称腐生菌，其生长代谢过程中主要分泌大量胶状的、附着力强的胞外聚合物，且生长繁殖较快，附着在金属管道表面，形成浓差腐蚀电池，从而诱导局部腐蚀的发生(郎序菲等，2009)。

1.3.2 微生物腐蚀的影响因素

影响腐蚀的微生物种类有很多，且广泛存在于供水金属管道内壁，不同种类的微生物生理生化性质不同，因此不同的生长条件对细菌的生长繁殖影响较大，影响微生物腐蚀的因素主要集中在水质条件(温度、pH、碱度、硬度、溶解氧、消毒剂、腐蚀性离子、有机物、缓蚀剂等)、微生物种类(铁细菌、硫酸盐还原菌等)及物理条件(管道的材质、水力停留时间等)。一些学者在研究分析这些因素的基础上使用了一些方法，如遗传算法、反应动力学多元回归、人工神经网络、热力学平衡方法等，并且利用这些方法建立了供水管网中的铁释放规律。

1) 温度

温度会影响细菌体内的酶活性，从而影响细菌生长的快慢。温度过高或者过低都不利于细菌的生长，当外界温度过高时，会导致细菌的死亡，温度过低时，细菌的酶活性较低，会导致细菌生长滞缓(谭向东，2016)。铁细菌的最适宜生长温度是 20～30℃，硫酸盐还原菌是 30～40℃。当水中的温度升高时，溶解氧含量会降低，这导致反应系统中的电子受体减少，一部分原电池系统中阴极被破坏，这将抑制腐蚀过程的进行。也有研究发现，管网中水体温度越高，腐蚀速率就越快。

2) pH

pH 变化会影响细菌细胞膜表面的电荷和酶的活性，从而影响细胞的活性。pH 过高或过低都会导致菌体内的酶活性降低，影响细菌的生长繁殖，造成细菌生长滞缓甚至死亡。铁细菌生长的最适 pH 为 5.4～7.2，硫酸盐还原菌生长的最适 pH 为 7.0～7.5。一般情况下，供水管道中水的 pH 在 6.5～8.5，这有利于细菌的生长和腐蚀的发生。许多研究者在研究过程中发现，pH 升高可以抑制供水管道中的铁释放。根据原电池的原理，铁腐蚀阴极反应会有 H^+的参与。研究发现，pH 降低时，金属管材内部发生的是均匀的面腐蚀；pH升高时，会抑制铁腐蚀反应的发生，进而可以降低管材中Fe被氧化为Fe(Ⅱ)的速率。pH过高时，金属管道内发生的是不均匀的点部腐蚀，由于点部腐蚀的不均匀性，管道内部产生的管垢多为瘤状物，与低pH时发生的腐蚀种类有所不同。此外，在pH较高的情况下，金属管道内管垢的表面会形成致密的氧化膜，可以抑制金属管道内的腐蚀并且抑制管道内的铁释放，对管垢也会起到保护作用。随着pH的升高，铁释放的速率显著降低，并且会加速Fe(Ⅱ)被氧化为Fe(Ⅲ)的速率，进而使管垢致密壳层变得更加稳定，起到阻碍铁释放的作用。

3) 碱度

供水管道中的水通常是弱碱性，水中的碳酸氢钠会与供水管道中的铁、钙等物质发生反应，生成的碳酸亚铁和碳酸钙等物质会黏附在管垢的表面，形成一种保护膜。因此，当水体中的碱度较高时，可以抑制供水管道内铁释放。水体中碱度升高，水体的缓冲强度会升高，进而使管垢表面层形成的钝化膜得到加强，有利于减缓管道的腐蚀，进而可以抑制铁释放。水中碳酸氢根离子浓度升高时，金属管道的腐蚀受到抑制，可以减少氢氧化铁沉淀物的形成，有利于避免水质的恶化。因此，控制水中碳酸氢根离子的浓度可以有效地控制供水管道的铁释放，减缓腐蚀进程。

4) 溶解氧

溶解氧(dissolved oxygen，DO)是一种氧化剂，在供水管道的腐蚀中起到重要作用。溶解氧的存在有利于形成氧化铁和铁的腐蚀产物，如将Fe(Ⅱ)转化为高价态不溶性铁(FeOOH和Fe_3O_4)，这有利于结垢和抑制铁的释放。过高或过低的DO水平会减弱这种抑制作用。先前的研究发现，20mg/L的DO可以加速铁的释放，而较低的DO浓度(低于4mg/L)会导致水垢外层减少，也会促进铁的释放。另外，在微生物腐蚀过程中，溶解氧的存在能够促进电化学腐蚀和为微生物提供氧气。溶解氧会在金属管道内壁表面形成大面积的阴极区，金属作为阳极点，形成原电池，从而加速供水管道金属材料的腐蚀。

5) 有机物影响

管道水中携带的少量有机物可以为浮游及固着在管道内壁的微生物生长繁殖提供需要的营养物质。天然有机物在自然水体中普遍存在，水中NOM的存在同样会造成供水管道的二次污染。NOM按照溶解性不同分为溶解性天然有机物和非溶解性天然有机物，水体中绝大多数NOM为溶解性天然有机物。水体中天然有机物大部分由腐殖质组成，根据腐殖质在酸和碱中的溶解性质不同，腐殖质主要分为三类：胡敏素、腐殖酸和富里酸，腐殖酸是其中最具有代表性的物质(Lee et al.，2018；吴思，2011)。腐殖酸作为有机物，对细菌的生长及供水管道腐蚀的影响尚需研究。

6) 消毒剂

消毒剂如游离氯、氯胺、二氧化氯等是主要的氧化剂，可直接与金属管道材料相互作用。人们大多认为，残留消毒剂由于具有高氧化电位而增加腐蚀速率，然而一些研究报告指出了不同的结果。增加游离氯浓度(0.3～3.6mg/L)对铁释放无明显影响，低浓度氯胺(1.3～2.0mg/L)对铁释放有明显促进作用。这些差异可能是消毒剂的配比浓度和水质特性不同造成的。DO 和消毒剂都对系统中的氧化还原电位(oxidation reduction potential，ORP)有影响。在较高的 ORP 条件下，亚铁腐蚀产物可氧化为铁产物，形成更稳定、更致密的腐蚀垢，限制了铁的进一步腐蚀或释放。另外，消毒剂可以杀死附着在管道内壁或者游离在供水管道中的细菌，同时抑制管道内壁生物膜的形成。氯离子还可以作为电子受体，参与电化学反应，引起电化学腐蚀(Huang et al. 1997)。

7) 硫酸根离子和氯离子

硫酸根离子和氯离子是影响供水管道铁腐蚀和铁释放的重要水质参数。国家饮用水标准(GB 5749—2022)规定氯离子、硫酸根离子浓度均不可超过 250mg/L。过去的研究发现，硫酸根离子可以穿透管垢表面的钝化层，进而对钝化层膜造成破坏，与管道表面的管垢发生化学反应，生成易溶于水的二价铁离子释放到水中，使得钝化层被铁锈取代。另外，人们普遍认为，氯离子是腐蚀性离子，氯离子的浓度增加，会使铁的腐蚀速率加快，引起金属管道的点蚀。研究表明，管垢内部的离子强度会随着氯离子浓度的增加而增加，离子的迁移速率也会随之增加，从而使铁的释放速率变快。

8) 水力条件

供水管道的水力停留时间和水体流速对微生物在管道内壁表面的附着及生物膜的更替有较大的影响。随着水力停留时间的增加，管网中的铁含量会随之增加。经调查发现，由于管网中的水夜间滞留，早上的浊度达到极高值，随着用水量的增加及自来水在供水管网滞留时间的减少，供水管网中自来水的浊度会降低。管网水滞留时间短且流速小时可以使保护性物质传输到管垢表面，从而减少铁释放。当管道中的水体流速较大时，产生较大的剪切力，不利于微生物在管道内壁表面附着和生长。流态的剧烈变化也会导致原本附着在管道内壁表面的生物膜脱落，使得金属内壁重新暴露在水环境中，破坏现有的稳定性。另有研究发现，供水管道内壁附着的细菌数量与管段的长度有关，管道管段越长，附着在其表面的细菌数量越多，这在一定程度上表明水力停留时间会对细菌的生长及微生物腐蚀产生一定的影响。

9) 管道材料

管材不同，管材本身的物理化学特性存在差异，管网水对管道的腐蚀程度也就有所差异。牛璋彬等(2006)研究发现，以管道长度相等为前提，PVC 管的铁释放量小于水泥砂浆衬里铸铁管的铁释放量，有衬里铸铁管是无衬里铸铁管铁释放量的二分之一。金属管材本身就具有腐蚀性，同时水中的一些物质会与管道发生反应，对供水管道造成腐蚀。不同管材内壁形成的管垢成分有所差异，其铁释放程度由大到小为无衬里铸铁管>镀锌钢管≥球墨铸铁管>PVC 管。

10) 微生物条件

微生物种类不同，可能对管道腐蚀有不同的影响，有的可能促进腐蚀的进行，而有些微生物则会抑制腐蚀的进行。微生物对管网腐蚀产生的影响主要通过两个途径：①不参与铁的氧化还原反应，只促进铁的腐蚀进程；②通过自身的氧化还原过程，参与或者干扰铁腐蚀的过程。参与管网腐蚀的微生物主要为铁细菌和硫酸盐还原菌。供水管网中，消毒剂和溶解氧含量都很低，铁细菌的新陈代谢有利于硫酸盐还原菌的生存，硫酸盐还原菌易促进阴极去极化，加剧管道腐蚀和铁释放。同时，硫酸盐还原菌还会通过浓差电极、代谢产物、沉积物的酸腐蚀和阳极区固定等机理作用，造成管道腐蚀和铁释放。

参考文献

蔡广强，张金松，刘彤宙，等，2020. 饮用水常规处理工艺中细菌群落的时空分布[J]. 中国环境科学，40(10): 4402-4410.

陈俊, 2015. 2009—2014 年成都市生活饮用水突发污染事件分析[J]. 环境与健康杂志, 32(2): 136-138.

范梅梅，赵勇，闫化云，等, 2010. 硫酸盐还原菌对 X60 钢 CO_2 腐蚀行为的影响[J]. 装备环境工程, 7(5): 13-19.

范亚民，姜伟立，刘宝贵，等，2018. 蓝藻水华暴发期间太湖贡湖湾某水厂水源水及出厂水中微囊藻毒素污染分析及健康风险评价[J]. 湖泊科学, 30(1): 25-33.

高圣华，韩嘉艺，叶必雄，等，2022. 欧盟饮用水水质指令(2020/2184)分析及启示[J]. 环境卫生学杂志，12(2): 131-136.

郭浩，李雪，刘星飞，等, 2018. 流速对球墨铸铁供水管道腐蚀行为的影响机理[J]. 材料保护, 51(9): 40-44, 93.

郭浩，田一梅，张海亚，等, 2020. 铁质金属供水管道的内腐蚀研究进展[J]. 中国给水排水, 36(12): 70-75.

金奎哲, 2019. 金属给水管道的腐蚀分析及控制途径[J]. 全面腐蚀控制, 33(12): 115-116.

郎序菲，邱丽娜，弓爱君，等, 2009. 微生物腐蚀及防腐技术的研究现状[J]. 全面腐蚀控制, 23(10): 20-24.

李红，沙巍，2015. 鸟胞内分枝杆菌复合体不同菌种之间的临床特征、毒力、复发的比较[J]. 中国防痨杂志，(11): 1112.

李凯，王晓东，黄廷林，2018. 湖库型水源天然有机物来源与特性及其对水处理工艺影响研究进展[J]. 西安建筑科技大学学报(自然科学版), 50(4): 588-593.

李志刚，鲜啟鸣, 2017. 水中亚硝胺类消毒副产物的污染现状、形成与控制[J]. 环境监控与预警, 9(6): 1-7, 23.

刘宏伟，刘宏芳, 2017. 铁氧化菌引起的钢铁材料腐蚀研究进展[J]. 中国腐蚀与防护学报, 37(3): 195-206.

卢泳珊，徐斌，张天阳，等, 2020. 饮用水中嗅味物质 *N*-氯代亚胺的分布规律研究[J]. 给水排水, 46(12): 19-24.

马骉，李梦洁，陈志平，2016. 国内外饮用水标准比较及对我国未来水质标准的思考[J]. 中国给水排水，32(10): 11-14.

牛璋彬，王洋，张晓健，等, 2006. 给水管网中管内壁腐蚀管垢特征分析[J]. 环境科学, 27(6): 1150-1154.

皮振邦, 樊友军, 华萍, 等, 2002. 混合菌种对碳钢腐蚀行为的电化学研究[J]. 腐蚀科学与防护技术, 14(3): 165-171.
齐北萌, 崔崇威, 袁一星, 2016. 供水管网中微生物对铸铁管材腐蚀的影响[J]. 中国给水排水, 32(15): 76-79.
谈立峰, 褚苏春, 惠高云, 等, 2018. 1996—2015 年全国生活饮用水污染事件初步分析[J]. 环境与健康杂志, 35(9): 827-830.
谭向东, 2016. 国内油田污水细菌生长影响因素研究进展[J]. 化工技术与开发, 45(10): 53-56.
汪洪涛, 2011. 饮用水中亚硝酸盐含量的分析[J]. 食品研究与开发, 32(12): 134-136.
王琦, 武俊梅, 彭晶倩, 等, 2018. 饮用水系统中药物和个人护理用品的研究进展[J]. 环境化学, 37(3): 453-461.
王松松, 刘磊, 徐建军, 等, 2018. 烟台市 2014 年—2016 年市政供水水质状况分析[J]. 中国卫生检验杂志, 28(9): 1108-1110.
王伟, 王佳, 徐海波, 2007. 微生物腐蚀研究中微生物学方法和微生物膜的化学分析[J]. 腐蚀科学与防护技术, 19(1): 38-41.
吴思, 2011. 溶液环境对金属氧化物/水界面上 NOM 吸附过程中疏水效应的影响研究[D]. 武汉: 武汉理工大学.
叶华, 应亮, 陈强, 等, 2021. 一起某居民住宅小区二次供水突发污染事件的调查处理[J]. 中国卫生监督杂志, 28(2): 168-173.
翟芳婷, 李辉辉, 胥聪敏, 2015. 2507 双相不锈钢在含铁氧化菌冷却水中的腐蚀行为[J]. 西安工业大学学报, 35(8): 654-659.
张海涵, 苗雨甜, 黄廷林, 等, 2020. 典型水环境微生物源异嗅物研究进展[J]. 环境科学, 41(11): 5201-5214.
张金松, 李冬梅, 2022. 新《生活饮用水卫生标准》推动供水行业水质保障体系化建设[J]. 给水排水, 58(8): 6-12.
张盛楠, 王新雁, 罗樨, 等, 2021. 金属污染物在城市给水管网迁移转化规律研究现状[J]. 供水技术, 15(2): 13-18.
张怡然, 李晨, 张建柱, 等, 2022. 《生活饮用水卫生标准》(GB 5749—2022)解析[J]. 供水技术, 16(5): 38-43.
邹海民, 周琛, 余辉菊, 等, 2016. 固相萃取-毛细管气相色谱法测定生活饮用水中16种硝基苯类化合物[J]. 分析化学研究报告, 44(2): 297-304.
AHMAD J I, DIGNUM M, LIU G, et al., 2021. Changes in biofilm composition and microbial water quality in drinking water distribution systems by temperature increase induced through thermal energy recovery[J]. Environmental Research, 194: 110648.
ALFREDO K. 2021. The “burn”: Water quality and microbiological impacts related to limited free chlorine disinfection periods in a chloramine system[J]. Water Research, 197: 117044.
BAL KRISHNA K C, SATHASIVAN A, LISTOWSKI A, 2020. Influence of treatment processes and disinfectants on bacterial community compositions and opportunistic pathogens in a full-scale recycled water distribution system[J]. Journal of Cleaner Production, 274: 123034.
BIAN K Q, WANG C, JIA S Y, et al., 2021. Spatial dynamics of bacterial community in chlorinated drinking water distribution systems supplied with two treatment plants: An integral study of free-living and particle-associated bacteria[J]. Environment International, 154: 106552.
BOND T, GOSLAN E H, PARSONS S A, et al., 2012. A critical review of trihalomethane and haloacetic acid formation from natural organic matter surrogates[J]. Environmental Technology Reviews, 1(1): 93-113.
BORRULL J, COLOM A, FABREGAS J, et al., 2021. Presence, behaviour and removal of selected organic micropollutants through drinking water treatment[J]. Chemosphere, 276: 130023.
CLOETE T E, BRZEL V S, 2003. Biofouling: Chemical Control of Biofouling in Water Systems[M]. New York: John Wiley & Sons, Inc.
DEBORDE M, VON GUNTEN U, 2008. Reactions of chlorine with inorganic and organic compounds during water

treatment-kinetics and mechanisms: A critical review[J]. Water Research, 42(1-2). 13-51.

EL-CHAKHTOURA J, SAIKALY P E, VAN LOOSDRECHT M C M, et al., 2018. Impact of distribution and network flushing on the drinking water microbiome[J]. Frontiers in Microbiology, 9: 2205.

FALKINHAM Ⅲ J O, 2015. Common features of opportunistic premise plumbing pathogens[J]. International Journal of Environmental Research and Public Health, 12(5): 4533-4545.

FALKINHAM Ⅲ J O, HILBRON E D, ARDUINO M J, et al., 2015. Epidemiology and ecology of opportunistic premise plumbing pathogens: *Legionella pneumophila*, *Mycobacterium avium*, and *Pseudomonas aeruginosa*[J]. Environmental Health Perspectives, 123(8): 749-758.

FU Y, PENG H, LIU J, et al., 2021. Occurrence and quantification of culturable and viable but non-culturable (VBNC) pathogens in biofilm on different pipes from a metropolitan drinking water distribution system[J]. Science of the Total Environment, 764: 142851.

HERRUZO R, CRUZ D L, FERNÁNDEZ-ACEÑERO M J, et al., 2004. Two consecutive outbreaks of *Acinetobacter baumanii 1-a* in a burn intensive care unit for adults[J]. Burns, 2004, 30(5): 419-423.

HEUNER K, SWANSON M, 2008. *Legionella*: Molecular Microbiology[M]. Norwich: Caister Academic Press.

HU D, HONG H R, RONG B, et al., 2021. A comprehensive investigation of the microbial risk of secondary water supply systems in residential neighborhoods in a large city[J]. Water Research, 205: 117690.

HU J, DONG H Y, LING W C, et al., 2018. Impacts of water quality on the corrosion of cast iron pipes for water distribution and proposed source water switch strategy[J]. Water Research, 129: 428-435.

HUANG C, SHEN Y, SMITH R L, et al., 2020. Effect of disinfectant residuals on infection risks from *Legionella pneumophila* released by biofilms grown under simulated premise plumbing conditions[J]. Environment International, 137: 105561.

HUANG J G, CHEN S S, MA X, et al., 2021. Opportunistic pathogens and their health risk in four full-scale drinking water treatment and distribution systems[J]. Ecological Engineering, 160: 106134.

HUANG J L, LI W, NENQI R, et al., 1997. Disinfection effect of chlorine dioxide on viruses, algae and animal planktons in water[J]. Water Research, 31(3): 455-460.

INKINEN J, KAUNISTO T, PURSIAINEN A, et al., 2014. Drinking water quality and formation of biofilms in an office building during its first year of operation, a full scale study[J]. Water Research, 49: 83-91.

JI P, PARKS J, EDWARDS M A, et al., 2015. Impact of water chemistry, pipe material and stagnation on the building plumbing microbiome[J]. PLoS One, 10(10): e0141087.

JI P, RHOADS W J, EDWARDS M A, et al., 2017. Impact of water heater temperature setting and water use frequency on the building plumbing microbiome[J].The ISME Journal, 11(6): 1318-1330.

JIN J, WU G, GUAN Y, 2015. Effect of bacterial communities on the formation of cast iron corrosion tubercles in reclaimed water[J]. Water Research, 71: 207-218.

KHAN F, ZUTHI M F R, HOSSAIN M D, et al., 2021. Prediction of trihalomethanes in water supply of Chattogram city by empirical models and cancer risk through multi-pathway exposure[J]. Journal of Water Process Engineering, 42: 102165.

KIMBELL L K, WANG Y, MCNMARA P J, 2020. The impact of metal pipe materials, corrosion products, and corrosion inhibitors on antibiotic resistance in drinking water distribution systems[J]. Applied Microbiology and Biotechnology, 104(18): 7673-7688.

KOVACIC P, SOMANATHAN R, 2014. Nitroaromatic compounds: Environmental toxicity, carcinogenicity, mutagenicity, therapy and mechanism[J]. Journal of Appiled Toxicology, 34(8): 810-824.

LEARBUCH K L G, SMIDT H, VAN DER WIELEN P, 2021. Influence of pipe materials on the microbial community in unchlorinated drinking water and biofilm[J]. Water Research, 194: 116922.

LEE M H, OSBURN C L, SHIN K H, et al., 2018. New insight into the applicability of spectroscopic indices for dissolved organic matter (DOM) source discrimination in aquatic systems affected by biogeochemical processes[J]. Water Research, 147: 164-176.

LI C, LING F, ZHANG M, et al., 2017. Characterization of bacterial community dynamics in a full-scale drinking water treatment plant[J]. Journal of Environmental Sciences (China), 51: 21-30.

LI H, LI S, TANG W, et al., 2018. Influence of secondary water supply systems on microbial community structure and opportunistic pathogen gene markers[J]. Water Research, 136: 160-168.

LING F Q, WHITAKER R, LECHEVALLIER M W, et al., 2018. Drinking water microbiome assembly induced by water stagnation[J]. The ISME Journal, 12: 1520-1531.

LI S Y, KIM Y G, JEON K S, 2012. Microbiologically influenced corrosion of carbon steel exposed to anaerobic soil[J]. Corrosion, 57(9): 815-828.

LI W Y, TAN Q W, ZHOU W, et al., 2020. Impact of substrate material and chlorine/chloramine on the composition and function of a young biofilm microbial community as revealed by high-throughput 16S rRNA sequencing[J]. Chemosphere, 242: 125310.

LIU G, LING F Q, MAGIC-KNEZEV A, et al., 2013a. Quantification and identification of particle-associated bacteria in unchlorinated drinking water from three treatment plants by cultivation-independent methods[J]. Water Research, 47(10): 3523-3533.

LIU G, TAO Y, ZHANG Y, et al., 2017a. Hotspots for selected metal elements and microbes accumulation and the corresponding water quality deterioration potential in an unchlorinated drinking water distribution system[J]. Water Research, 124: 435-445.

LIU G, ZHANG Y, KNIBBLE W J, et al., 2017b. Potential impacts of changing supply-water quality on drinking water distribution: A review[J]. Water Research, 116: 135-148.

LIU G, ZHANG Y, VAN DER MARK E, et al., 2018. Assessing the origin of bacteria in tap water and distribution system in an unchlorinated drinking water system by SourceTracker using microbial community fingerprints[J]. Water Research, 138: 86-96.

LIU H, GU T, ZHANG G, et al., 2016. Corrosion inhibition of carbon steel in CO_2-containing oilfield produced water in the presence of iron-oxidizing bacteria and inhibitors[J]. Corrosion ence, 105: 149-160.

LIU H, SCHONBERGER K D, PENG C Y, et al., 2013b. Effects of blending of desalinated and conventionally treated surface water on iron corrosion and its release from corroding surfaces and pre-existing scales[J]. Water Research, 47(11): 3817-3826.

LIU H, XU L, ZENG J, 2013c. Role of corrosion products in biofilms in microbiologically induced corrosion of carbon steel[J]. British Corrosion Journal, 35(2): 131-135.

LU J R, BUSE H, STRUEWING I, et al., 2017. Annual variations and effects of temperature on *Legionella* spp. and other potential opportunistic pathogens in a bathroom[J]. Environmental Science and Pollution Research, 24(3): 2326-2336.

LYNCH M J, SWIFT S, KIRKE D F, et al., 2002. The regulation of biofilm development by quorum sensing in *Aeromonas Hydrophila*[J]. Environmental Microbiology, 4(1):18-28.

MADIGAN M T, MARTINKO J M, 2006. Brock Biology of Microorganisms[M]. 11th ed. Upper Saddle River: Prentice

Hall.

MASTERS S, WANG H, PRUDEN A, et al., 2015. Redox gradients in distribution systems influence water quality, corrosion, and microbial ecology[J]. Water Research, 68: 140-149.

MIYAGI K, SANO K, HIRAI I, 2017. Sanitary evaluation of domestic water supply facilities with storage tanks and detection of *Aeromonas*, enteric and related bacteria in domestic water facilities in Okinawa prefecture of Japan[J]. Water Research, 119: 171-177.

PREST E I, HAMMES, F, VAN LOOSDRECHT M C, 2016. Biological stability of drinking water: Controlling factors, methods, and challenges[J]. Frontiers in Microbiology, 7: 45.

QIU J, 2010. China faces up to groundwater crisis[J]. Nature, 466: 308.

RILSTONE V, VIGNALE L, CRADDOCK J, et al., 2021. The role of antibiotics and heavy metals on the development, promotion, and dissemination of antimicrobial resistance in drinking water biofilms[J]. Chemosphere, 282: 131048.

ROEDER R S, LENZ J, TARNE P, et al., 2010. Long-term effects of disinfectants on the community composition of drinking water biofilms[J]. International Journal of Hygiene and Environmental Health, 213(3): 183-189.

ROOK J J, 2002. Formation of haloforms during chlorination of natural waters[J]. Acta Polytechnica, 42(2): 234-243.

SEIDLEIN L V, KIM D R, ALI M, et al., 2006. A multicentre study of *Shigella diarrhoea* in six Asian countries: Disease burden, clinical manifestations, and microbiology[J]. Plos Medicine, 3(9): e353.

SHANG L X, FENG M H, XU X G, et al., 2018. Co-occurrence of microcystins and taste-and-odor compounds in drinking water source and their removal in a full-scale drinking water treatment plant[J]. Toxins (Basel), 10(1): 26.

STANISH L F, HULL N M, ROBERTSON C E, et al., 2016. Factors influencing bacterial diversity and community composition in municipal drinking waters in the Ohio river basin, USA[J]. PLoS One, 11(6): e0157966.

STAROSVETSKY D, ARMON R, YAHALOM J, et al., 2001. Pitting corrosion of carbon steel caused by iron bacteria[J]. International Biodeterioration & Biodegradation, 47(2): 79-87.

SU H C, LIU Y S, PAN C G, et al., 2018. Persistence of antibiotic resistance genes and bacterial community changes in drinking water treatment system: From drinking water source to tap water[J]. Science of the Total Environment, 616-617: 453-461.

SUN H F, SHI B Y, YANG F, et al., 2017. Effects of sulfate on heavy metal release from iron corrosion scales in drinking water distribution system[J]. Water Research, 114: 69-77.

TARAZI Y H, ABU-BASHA E, ISMAIL Z B, et al., 2021. Antimicrobial susceptibility of multidrug-resistant *Pseudomonas aeruginosa* isolated from drinking water and hospitalized patients in Jordan[J]. Acta Tropica, 217: 105859.

TONG C Y, HU H, CHEN G, et al., 2021. Disinfectant resistance in bacteria: Mechanisms, spread, and resolution strategies[J]. Environmental Research, 195: 110897.

VULLIET E, CREN-OLIVÉ C, GRENIER-LOUSTALOT M F, 2011. Occurrence of pharmaceuticals and hormones in drinking water treated from surface waters[J]. Environmental Chemistry Letters, 9(1): 103-114.

WAKAI S, ITO K, IINO T, et al., 2014. Corrosion of iron by iodide-oxidizing bacteria isolated from brine in an iodine production facility[J]. Microbial Ecology, 68(3): 519-527.

WAN H X, SONG D D, ZHANG D W, et al., 2017. Corrosion effect of *Bacillus cereus* on X80 pipeline steel in a Beijing soil environment[J]. Bioelectrochemistry, 18:18-26.

WANG H, MASTERS S, EDWARDS M A, et al., 2014. Effect of disinfectant, water age, and pipe materials on bacterial and eukaryotic community structure in drinking water biofilm[J]. Environmental Science & Technology, 48(3):

1426-1435.

WANG H B, HU C, ZHANG S N, et al., 2018. Effects of O_3/Cl_2 disinfection on corrosion and opportunistic pathogens growth in drinking water distribution systems[J]. Journal of Environmental Sciences (China), 73: 38-46.

WANG H B, HU C, SHI B Y, 2021b. The control of red water occurrence and opportunistic pathogens risks in drinking water distribution systems: A review[J]. Journal of Environmental Sciences (China), 110: 92-98.

WANG T, SUN D, ZHANG Q, et al., 2021a. China's drinking water sanitation from 2007 to 2018: A systematic review[J]. Science of the Total Environment, 757: 143923.

XU D, LI Y C, GU T Y, 2016. Mechanistic modeling of biocorrosion caused by biofilms of sulfate reducing bacteria and acid producing bacteria[J]. Bioelectrochemistry. 110: 52-58.

ZHANG H H, CHEN S N, HUANG T L, et al., 2015. Indoor heating drives water bacterial growth and community metabolic profile changes in building tap pipes during the winter season[J]. International Journal of Environmental Research and Public Health, 12(10): 13649-13661.

ZHANG H H, XU L, HUANG T L, et al., 2021a. Combined effects of seasonality and stagnation on tap water quality: Changes in chemical parameters, metabolic activity and co-existence in bacterial community[J]. Journal of Hazardous Materials, 403: 124018.

ZHANG H H, XU L, HUANG T L, et al., 2021b. Indoor heating triggers bacterial ecological links with tap water stagnation during winter: Novel insights into bacterial abundance, community metabolic activity and interactions[J]. Environmental Pollution, 269: 116094.

ZHANG M L, XU M Y, XU S F, et al., 2020. Response of the bacterial community and antibiotic resistance in overnight stagnant water from a municipal pipeline[J]. International Journal of Environmental Research and Public Health, 17(6): 1995.

ZHANG Y, GRIFFIN A, EDWARDS M, 2010. Effect of nitrification on corrosion of galvanized iron, copper, and concrete[J]. American Water Works Association. Journal, 102(4): 83-94.

ZHOU W, LI W Y, CHEN J P, et al., 2021. Microbial diversity in full-scale water supply systems through sequencing technology: A review[J]. Royal Scoiety of Chemistry, 11: 25484.

ZHU Y, WANG H, LI X, et al., 2014. Characterization of biofilm and corrosion of cast iron pipes in drinking water distribution system with UV/Cl_2 disinfection[J]. Water Research, 60: 174-181.

ZHU Z B, SHAN L L, ZHANG X Y, et al., 2021. Effects of bacterial community composition and structure in drinking water distribution systems on biofilm formation and chlorine resistance[J]. Chemosphere, 264(1): 128410.

ZLATANOVIĆ L, VAN DER HOEK J P, VREEBURG J H G, et al., 2017. An experimental study on the influence of water stagnation and temperature change on water quality in a full-scale domestic drinking water system[J]. Water Research, 123: 761-772.

第 2 章　水环境微生态研究方法

2.1　饮用水中的微生物数量检测方法

随着全球城市化进程的飞速发展，与其适配的输水供水工程也在蓬勃发展。城市版图的扩张引起供水的范围不断扩大，在庞大的管网中二次供水和水体滞留的问题日益突出。自来水是所有居民获取日常用水的最为广泛的形式，自来水的水质直接或间接关系到每一个用户的健康状况，因此掌握自来水中各种化学参数的准确数值显得尤为重要。随着分子生物学的发展，水质的研究水平已经不限于物理化学和感官指标，水中的微生物检测和鉴定也逐渐被重视起来。

一套准确高效的微生物数量检测方法是水质检测过程中必不可少的，在全球范围内已经形成了大量完整有效的测定方法，如广泛应用的异养平板计数(heterotrophic plate count，HPC)法、近二十年应用的流式细胞术(flow cytometry，FCM)、腺苷三磷酸(adenosine triphosphate，ATP)分析技术和高通量测序技术，以及一些特殊功能菌群的计数方法，如特异性培养基计数法、显微镜直接计数法、比浊法、测定细胞重量法、测定总氮量或总碳量法、颜色改变单位法等。

2.1.1　异养平板计数法

1. 异养平板计数法概述

HPC 法是国内外水质检测的主流方法，是在特定的培养环境和特定的固体营养物培养基上对异养细菌进行培养和计数的方法。根据国家标准《生活饮用水标准检验方法　第 12 部分：微生物指标》(GB/T 5750.12—2023)，其主要包括多管发酵法、滤膜法及酶底物法等(中华人民共和国国家卫生健康委员会，2023)。

我国 HPC 法一直采用的是传统较高温度(37℃)和营养培养基培养的方法。检测过程中需要用到的仪器和设备包括高压蒸汽灭菌锅、干热灭菌箱、培养箱(36℃±1℃)、电炉、天平、冰箱、放大镜或菌落计数器、pH 计或精密 pH 试纸、灭菌试管、平皿(直径 9cm)、刻度吸管和采样瓶等。在检测前需要配制培养基，将蛋白胨 10g、牛肉膏 10g、氯化钠 5g、琼脂 10～20g 和 1000mL 蒸馏水混合后加热溶解，将 pH 调整至 7.4～7.6，分装于玻璃容器中，于 103.43kPa 下灭菌 20min，随后储存在冷暗处备用。

准备工作完成后即可进行检验操作。生活饮用水的检验方法：以无菌操作的方法，吸取 1mL 生活饮用水，将其注入灭菌的平皿中，倾注大约 15mL 已经备好的营养琼脂培养基(加热融化至 45℃左右)，立即旋摇培养皿，使水样和培养基充分混合(注意在每次检验时都应做一组平行接种，即另外一个平皿中只倾注营养琼脂培养基，不加入生活饮用水，作为空白对照)。待平皿中样本冷却凝固，翻转平皿使其底部朝上，置于 36℃ ± 1℃培养箱中培养 48h。培养结束后对样本进行菌落计数，计数结果即为 1mL 水样的菌落总数。必要时可以使用放大镜辅助观察，以免遗漏造成误差。

当待测水样为水源水时，需要对水样进行稀释，稀释 1∶10、1∶100、1∶1000 和 1∶10000 的稀释液备用，在每次稀释过程中需要更换灭菌吸管。水样的稀释度和菌落总数的确定参考国家标准《生活饮用水标准检验方法　第 12 部分：微生物指标》(GB/T 5750.12—2023)。根据标准中规定，HPC 法还能对总大肠菌群、耐热大肠菌群、大肠埃希氏菌和贾第鞭毛虫等计数。

2. 异养平板计数法的发展

随着生活水平的提高，人们对于饮用水质量的要求也越来越高，一些国家甚至提出了新的、更为先进的饮用水指标。在生物技术的不断发展下，越来越多的实验证明 HPC 法在微生物数量检测上不够准确。HPC 法全过程操作需要在特定的培养基上对异养菌进行培养和计数，HPC 法具有以下缺点：

(1) 需要 1～5d 才能培养出可以检验的菌群，不能快速反映饮用水中的微生物状况；

(2) 需要配制与待检验菌群相适应的培养基，因此检测的微生物种属十分受限，当前的研究结果表明，HPC 法只能检测可培养细菌，通常不到微生物的 1%；

(3) 只能检测一小部分新陈代谢活跃的细菌，并且种群数量也会随培养方法的不同而存在差异。

因此，在实践中不断对 HPC 法进行改进和完善。国外在检测时使用到了 R2A 培养基和 TSA-SB 培养基，其中 R2A 培养基使用更加广泛，将培养温度降低至 28℃并延长培养时间来提高 HPC 法的准确性。为了正确了解饮用水及其分配过程中微生物的存活与生长，HPC 法这种依赖培养性的计数方法已经使用了 100 多年，但是详细的操作过程仍然存在差异，检测的样品中细菌浓度和可培养的细菌浓度也存在差异。当然，改进后的 HPC 法相对于原始的方法检测灵敏度和检测范围有所提高，但是仍然有部分细菌无法检测到，并且仍然要依赖显微镜的镜检，无法准确地掌握饮用水中的微生物数量和生态状况。

2.1.2　流式细胞术

1. 流式细胞术概述

2.1.1 小节介绍了异养平板计数法的特点，人们努力通过对培养基的不断改良，最大程度提高对自然环境的模拟程度。在庞大的微生物种类中，超过 99%的细菌是无法培养的，因此被称为生物实验室“CT”的流式细胞术(flow cytometry, FCM)在微生物检测上的优点尤为突出。通过大量的实践证明，相比于 HPC 法，FCM 具有更高的灵敏度和准确性，并且能够快速定量检测，因此 FCM 在饮用水微生物的检测中有着更为广泛的应用。

流式细胞术作为一种现代分析技术，综合了激光技术、流体力学、计算机技术、细胞化学和生物探针等众多先进的技术，可以用于测定液相中悬浮的单细胞或者微粒的物理化学性质，能够测量的细胞粒径在 0.1～100μm，可以测定微粒的大小、内部结构、DNA 和 RNA、蛋白质等(严心涛等，2020)。

2. 流式细胞术的检测原理

FCM 主要由液流聚焦系统、光源与光学系统、信号收集与处理系统和上位机分析系统四个部分组成。

因为 FCM 主要对悬浮单细胞或其他微粒进行检测，所以为了保证测量结果的可靠性，须使用不含任何细胞或微粒的鞘液。当检测自来水时，自来水中微生物以单细胞悬液的形式进入流动室，并被鞘液包绕，通过流体动力学聚焦作用，待检测的自来水样品流将高速流过检测区域。检测区域以激光作为激发光源，激光通过聚焦整形后，将聚焦后的光束垂直照射在聚焦的样品流上，样品流中的单细胞或微粒经激光激发后会产生一定强度的荧光信号和散射光信号。其中，前向散射(forward scattering，FSC)信号和侧向散射(side scattering，SSC)信号分别由激光正前方和 90°方向的探测器接收；荧光信号(FL1、FL2)需要通过二分镜将不同波长的信号分离后再由光电探测器接收。

FSC 信号反映了微生物细胞或微粒的体积大小；SSC 信号反映了微生物细胞内所含颗粒的复杂程度；荧光信号反映了被测微生物细胞内部颗粒信息。根据米氏散射原理，通过分析 FSC 和 SSC 信号强度就可以区分一些典型微生物，如大肠杆菌、曲霉、微球菌、棒状杆菌等。对于微生物活性的评定，还需根据荧光信号强度来分析，被二分镜分离后的荧光信号经光电探测器(如光电倍增管或雪崩二极管)转化为电信号后，经过模拟数字转换器和信号处理系统处理后上传到上位机，最后在上位机分析系统中以各信号通道的散点图或柱状图等形式进行数据分析。

3. 流式细胞术的应用

FCM 在饮用水微生物的快速定量检测方面具有良好效果，能在 80min 内完成 96 孔样品盘的全自动检测，并且能够保证在短时间内精确地对众多水体样品的细胞浓度进行定量测试和活力评估。国外一些研究者根据 FCM 建立了饮用水微生物细胞总数(total cell count，TCC)的全自动在线监测系统，并且已经应用到自来水生产处理系统中。

该系统可以全自动实现抽样、试剂添加、稀释、恒温孵育等过程的水样前处理工作和 FCM 分析。利用 FCM 长时间、高频率地自动在线监测水源地水和城市供水点中处理水的微生物 TCC 变化，就可以更准确地掌握生活用水中微生物的数量和生态变化情况(Hammes et al.，2012)。

饮用水处理系统和自来水配送系统中有时会出现消毒杀菌失效、水压下降、回流等事故，为了最大程度地降低这些污染事件给人们带来的潜在健康危害，需要快速准确地对水体中的微生物进行监测，FCM 在此过程中起到了至关重要的作用。

病原体检测是水质安全保障中的一项重要工作，为了防止病原体侵入人体致使患病甚至死亡，快速检测病原体含量、筛选分析其存在的风险在水质安全检测工作中的意义十分重大。FCM 和荧光激活细胞分选(fluorescence-activatad cell sorting，FACS)是当前广泛应用于病原体检测和筛选的技术。Ozawa 等(2016)研究发现，利用 FCM 和 FACS，无须进行微生物培养和富集就可从水样中特异性检测和分离出大肠杆菌 O157:H7 群落，检测灵敏度高达 10 个/mL。

此外，在生活用水的处理过程中，也可以采用 FCM 对消毒灭菌后的水体快速地进行定量检测和细菌再生潜力评估，并利用分析结果辅助指导消毒工艺过程。

4. 流式细胞术应用前景展望

在水样的检测过程中，不同采样点的水质情况存在略微的差距，但是对于精密度高的流式细胞仪来说，水样中的泥沙、铁锈、其他悬浮物和气泡都会对 FCM 的测量结果造成影响，甚至可能会使系统堵塞而造成损坏。另外，在微生物检测过程中染色颜料也会对测量结果造成误差。因此，在水样检测之前的水体预处理工作显得尤为重要。

相较于哺乳动物细胞，细菌和病毒的体积更小，所以在染色过程中对多种荧光染料的着色还存在难度。目前，FCM 可以分辨出形态差异较大的典型细菌，如大肠杆菌、曲霉、微球菌等，对于形态差异小的菌群很难继续细分。为了扩大 FCM 在饮用水检测中的应用范围，荧光染色染料的开发非常重要，随着潜在染料的开发，FCM 技术可以摆脱需要培养基培养特定菌群的束缚。

FCM 技术发展至今，在医药行业已经形成了相关的行业标准，但是在饮用水微生物的检测方面尚不成熟，之前的检测和分析中都是根据聚类数据和检测者个人经验进行，没有行业标准。已经发布的《生活饮用水卫生标准》(GB 5749—2022)规定的微生物指标是基于 HPC 法的检测结果，对于检测更为灵敏的 FCM 的标准还需要继续制订。

2.2 管道饮用水中的微生物活性检测技术

2.2.1 生物化学发光仪检测水中 ATP

腺苷三磷酸(adenosine triphosphate，ATP)存在于各类细胞中，被誉为细胞的分子货币，因此 ATP 检测可成为水中细菌快速检测的一种方法(Webster et al.，1985；Knowles，1980)。同类活细胞中的 ATP 含量基本一致，体细胞中 ATP 约有 1.5×10^{-15}mol，细菌细胞约含有 2×10^{-18}mol，且细胞在凋亡状态下 ATP 含量也有所变化。Holm-Hansen 和 Booth(1966)首次将该方法应用于水体微生物活性检测中，但 ATP 检测在饮用水研究领域仅有十多年历史。Zhang 等(2019b)认为运用 ATP 检测技术可迅速便捷地对饮用水中微生物稳定性进行检测。Delahaye 等(2003)运用 ATP 检测方法对饮用水中微生物稳定性进行检测，结果表明，地下水作为供水的水体中微生物更具有稳定性。关于用 ATP 含量对水中微生物进行评估，大量前人研究表明，经氯消毒的细胞可释放出大量 ATP。因此，胞内 ATP 的检测显得尤为重要，尤其是在氯消毒系统中(Ramseier et al.，2011；Eydal et al.，2007)。另外，Prest 等(2013)指出，水中高核酸(high nucleic acid，HNA)细菌比低核酸(low nucleic acid，LNA)细菌更具有活性，ATP 含量更高。据此推测，氯消毒饮用水系统中低核酸细菌可能为主要组分。在复杂多变的供水管道生态系统中，仅仅用此技术对其中微生物进行分析显然是远远不够的，往往要结合多种分析技术才能对其进行详尽的描述(如流式细胞术、高通量测序技术等)。

2.2.2 BIOLOG 技术测定微生物活性

BIOLOG 技术，又称微生物碳源代谢指纹技术，主要用于环境微生物群落研究。近年来，基于生物标志物(biomarker)和分子生物学方法(变性梯度凝胶电泳、荧光原位杂交、高通量测序等)的技术层出不穷。这些方法虽给人们对微生物种群结构的探究带来曙光，但无法对微生物群落的代谢活性进行表征，而 BIOLOG 技术可弥补这一不足，Garland 与 Mills(1991)最早将其应用于土壤微生物群落的研究。BIOLOG 中的 ECO(Ecology 的简称)板是专门用于生态研究(如水体、土壤及活性污泥)的一类微平板，在国际上已经成为一种经典的微生态研究方法。ECO

板有 96 微孔，包含三组平行，每组平行的微孔中含有 31 种碳源和 1 个空白孔，31 种碳源可分为 6 大类，分别为酸类、糖类、氨基酸类、酯类、醇类和胺类，详见表 2.1。

表 2.1　BIOLOG-ECO 微平板中单一碳源组分

酸类	糖类	氨基酸类	酯类	醇类	胺类
D-半乳糖醛酸	*D*-木糖	*L*-精氨酸	丙酮酸甲酯	*I*-赤藻糖醇	苯乙基胺
D-氨基葡萄糖酸	α-*D*-乳糖	*L*-天冬酰胺酸	吐温 40	*D*-甘露醇	腐胺
2-羟苯甲酸	β-甲基 *D*-葡萄糖苷	*L*-苯基丙氨酸	吐温 80	*D*,*L*-α-甘油	*N*-乙酰基-*D*-葡萄胺
4-羟基苯甲酸	葡萄糖-1-磷酸盐	*L*-丝氨酸	*D*-半乳糖酸-γ-内酯		
γ-羟基丁酸	α-环状糊精	*L*-苏氨酸			
衣康酸	肝糖	甘氨酰-*L*-谷氨酸			
α-丁酮酸	*D*-纤维二糖				
D-苹果酸					

微生物利用碳源进行生长发育的本质是电子的转移过程，板中的四唑类染料可与自由电子发生显色还原反应，显色越严重，产生的自由电子越多，表明代谢活性越高。由于微生物的代谢能力很大程度上取决于其自身属性，因此在微平板上检测其对单一碳源的利用能力(sole carbon source utilization，SCSU)可对微生物代谢活性进行表征(Zhang et al.，2018a)。BIOLOG 技术问世以来，多用于土壤中微生物种群结构的检测，而在饮用水中的应用鲜见报道。

2.3　高通量测序技术在管道饮用水中的应用

过去传统的研究微生物的方法不能完整体现饮用水微生物群落结构组成。随着科学技术的发展，以 16S rRNA 为代表的分子技术因具有高效性、准确性成为研究饮用水微生物种群结构的主要方法之一。高通量测序技术已成为一项常规的实验技术。随着分子生物学技术的不断精进，相继出现了第一代测序技术、第二代测序技术与第三代测序技术。第一代测序技术是将结合在待定模板上的序列用 DNA 聚合酶进行延伸，直至核苷酸终止链的出现；第二代测序技术将片段化的基因 DNA 两端同时进行扩增，用不同的步骤产生几十万或几百万条 PCR 扩增序列，每个序列是由多个拷贝组成的单个文库片段，再大规模进行引物杂交和酶链反应；第三代测序技术不需要进行 PCR 扩增，可对每一条基因链进行全长测序，主要分为单分子荧光测序与纳米孔测序。目前，第二代测序技术在饮用水微生物群落结构的探索领域发挥着至关重要的作用，从源头到管网乃至龙头、水处理厂都有所涉及。Zhang 等(2019a)运用高通量测序技术对全国 18 座污水处理厂中的 *nirS* 型反硝化细菌进行探究，此外，Zhang 等(2018a)还运用该技术对水源水库藻暴发期真菌种群结构做了详尽探究。Liu 等(2019)用该方法对我国北方城市室内供水管道中致病菌进行了检测。目前，高通量测序技术在检测微生物种群结构领域已成为主流。

大量研究表明，管道饮用水中微生物种群结构以变形菌门(Proteobacteria)为主，其次有拟杆菌门(Bacteroidetes)、放线菌门(Actinobacteria)、厚壁菌门(Firmicutes)等。从纲水平来看，β-变形菌纲(Bateproteobacteria)是管道饮用水中丰度最高的纲(Zhang et al.，2021a)。管道饮用水中微生物种群结构研究如表 2.2 所示。

表 2.2 管道饮用水中微生物种群结构研究

年份	国家	研究内容	研究发现	文献
2021	中国	过夜滞留水体细菌种群结构季相演替特征	滞留水中变形菌门(Proteobacteria)丰度(88.77%±5.81%)大于新鲜水(72.76%±23.27%)，硝化螺旋菌门(Nitrospirae)仅在滞留水中出现	Zhang et al.，2021a
2021	中国	冬季供暖条件下过夜滞留水体细菌种群结构	酸杆菌门(Acidobacteria)、放线菌门(Actinobacteria)、拟杆菌门(Bacteroidetes)和绿弯菌门(Chloroflexi)丰度在冬季滞留后增加	Zhang et al.，2021b
2021	中国	微生物群落特性对微生物群落组成和功能的影响	产左聚糖微杆菌(*Microbacterium laevaniformans*)对生物膜的生成有抑制效果，鞘氨醇单胞菌(*Sphingomonas* sp.)和不动杆菌(*Acinetobacter* sp.)促进生物膜的形成	Zhu et al.，2021
2021	中国	微量磷污染水源对饮用水分配系统微生物稳定性的破坏	嗜肺军团菌(*Legionella pneumophila*)、鸟分枝杆菌(*Mycobacterium avium*)和哈曼属原虫(*Hartmannella vermiformis*)丰度随着磷浓度增加而增加	Xing et al.，2021
2021	波兰	附着在供水装置内表面的微生物群落抗生素耐药性和生物多样性	生物膜中最丰富的门为变形菌门(Proteobacteria)(51.51%～97.13%)，最丰富的属为脱硫弧菌属(*Desulfovibrio*)(0.01%～66.69%)	Siedlecka et al.，2021
2021	澳大利亚	雨水替代传统水源系统的微生物污染风险	雨水–热水收集系统有效减少了雨水原水中大肠杆菌(*E. coli*)、粪肠球菌(*E. faecalis*)、弯曲杆菌(*Campylobacter* sp.)、沙门氏菌(*Salmonella* sp.)和 F-RNA 噬菌体的数量	Schang et al.，2021
2021	中国	水源转换后老化管道中饮用水的生物稳定性特征	水源切换后，脱硫弧菌(*Desulfovibrio* sp.)相对丰度下降；生物膜以铁循环过程相关的细菌为主，铁氧化菌和铁载体产生菌的数量略有增加，硝酸盐还原菌、硝化菌和铁还原菌的数量增加较多	Pan et al.，2021

续表

年份	国家	研究内容	研究发现	文献
2021	中国	氯胺消毒的二次供水系统中硝化作用与微生物再生之间的协同关系特征	在二次供水系统中，氨氧化细菌为优势硝化细菌，不完全硝化产物参与了异养细菌的代谢，促进了二次供水系统中异养细菌的生长	Miao et al., 2021
2021	荷兰	管材对未氯化饮用水中微生物的影响	水体和生物膜中的细菌群落组成因材料的不同而不同，聚氯乙烯管和聚乙烯管饮用水中军团菌(*Legionella* sp.)、分枝杆菌(*Mycobacterium* sp.)、假单胞菌(*Pseudomonas* sp.)、气单胞菌(*Aeromonas* sp.)和棘阿米巴(*Acanthamoeba* sp.)基因丰度高于玻璃管	Learbuch et al., 2021
2021	新加坡	饮用水分配系统管道内生物膜的微生物丰度和群落组成	分枝杆菌属(*Mycobacterium*)和氨氧化细菌在低水龄、一氯胺残留量充足的 DWDS 区段占优势，硝化螺旋菌属(*Nitrospira*)在高水龄、一氯胺残留量不足的 DWDS 区段占优势	Kitajima et al., 2021
2021	美国	ARG 和 MRG、腐蚀结核和抗性基因与特定的微生物群的相关性	管道生物膜群落中最丰富的属为分枝杆菌属(*Mycobacterium*)(0.2%～70%)	Kimbell et al., 2021
2021	中国	我国北方某城市饮用水微生物组成与多样性的时空调查	四个 DWDS 之间的细菌群落差异不显著，但季节差异显著；水源转换可能会增加 DWDS 中 OPPP 相对丰度；紫外光与氯联合消毒可降低群落多样性	Jing et al., 2021
2021	荷兰	饮用水系统中热能回收对微生态的影响	生物膜成型之初β-变形菌纲(Betaproteobacteria)占优势，实验结束阶段除与生物膜相关的鞘氨醇单胞菌科(Sphingomonadaceae)外，其他并无差异	Ahamd et al., 2021
2020	中国	二次供水系统中连续二次加氯对微生物再生、机会致病菌的影响	连续二次加氯处理后，生物膜及饮用水中微生物种群结构丰度下降，优势菌门包括变形菌门(Proteobacteria)，稀有菌门包括厚壁菌门(Firmicutes)、酸杆菌门(Acidobacteria)和拟杆菌门(Bacteroidetes)，具有较强的抗氯性	Zhao et al., 2020
2020	中国	市政管网夜间滞留水体中微生物种群结构及对抗生素的响应	微生物丰度由高到低依次为变形菌门(Proteobacteria)、拟杆菌门(Bacteroidetes)、厚壁菌门(Firmicutes)、 放线菌门(Actinobacteria)、浮霉菌门(Planctomycetes)和蓝细菌门(Cyanobacteria)	Zhang et al., 2020

目前，新一代 16S rRNA 全长基因测序技术在呈现微生物群落结构信息方面更完整而具有优势，该技术已被广泛应用于水体细菌检测的各个方面(Ming et al.，2021；Zhang et al.，2018b)。例如，Zhang 等(2018b)通过 16S rRNA 全长基因测序研究了不同基因 V 区在富营养化淡水湖细菌多样性中的作用，16S rRNA 全长基因测序技术也被用于揭示重污染河口细菌群落的时空动态(Ming et al.，2021)。该

技术在饮用水细菌种群结构检测方面的应用目前仍然较少。

参 考 文 献

严心涛, 吴云良, 查巧珍, 等, 2020. 流式细胞术在饮用水微生物检测中的应用及挑战[J]. 中国给水排水, 36(22): 89-95.

中华人民共和国国家卫生健康委员会, 2023. 生活饮用水标准检验方法 第 12 部分: 微生物指标: GB/T 5750.12—2023[S]. 北京:中国标准委员会.

AHAMD J I, DIGNUM M, LIU G, et al., 2021. Changes in biofilm composition and microbial water quality in drinking water distribution systems by temperature increase induced through thermal energy recovery[J]. Environmental Research, 2021, 194: 110648.

DELAHAYE E, WELTE B, LEVI Y, et al., 2003. An ATP-based method for monitoring the microbiological drinking water quality in a distribution network[J]. Water Research, 37(15): 3689-3696.

EYDAL H S C, PEDERSEN K, 2007. Use of an ATP assay to determine viable microbial biomass in Fennoscandian Shield groundwater from depths of 3～1000m[J]. Journal of Microbiological Methods, 70(2): 363-373.

GARLAND J, MILLS A L, 1991. Classification and characterization of heterotrophic microbial communities based on patterns of community-level sole carbon-source utilization[J]. Applied and Environmental Microbiology, 57(8): 2351-2359.

HAMMES F, BROSER T, WEILENMANN H U, et al., 2012. Development and laboratory-scale testing of a fully automated online flow cytometer for drinking water anlysis[J]. Cytom Part A, 81(6): 508-516.

HOLM-HANSEN O, BOOTH C R, 1966. The measurement of adenosine triphosphate in the ocean and its ecological significance 1[J]. Limnology and Oceanography, 11(4): 510-519.

JING Z B, LU Z D, MAO T, et al., 2021. Microbial composition and diversity of drinking water: A full scale spatial-temporal investigation of a city in Northern China[J]. Science of the Total Environment, 776: 145986.

KIMBELL L K, LAMARTINA E L, KAPPELL A D, et al., 2021. Cast iron drinking water pipe biofilms support diverse microbial communities containing antibiotic resistance genes, metal resistance genes, and class 1 integrons[J]. Environmental Science: Water Research & Technology, 7(3): 584-598.

KITAJIMA M, CRUZ M C, WILLIAMS R B H, et al., 2021. Microbial abundance and community composition in biofilms on in-pipe sensors in a drinking water distribution system[J]. Science of the Total Environment, 766: 142314.

KNOWLES J R, 1980. Enzyme-catalyzed phosphoryl transfer reactions[J]. Annual Review of Biochemistry, 49(1): 877-919.

LEARBUCH K L G, SMIDT H, VAN DER WIELEN P, 2021. Influence of pipe materials on the microbial community in unchlorinated drinking water and biofilm[J]. Water Research, 194: 116922.

LIU L, XING X, HU C, et al., 2019. One-year survey of opportunistic premise plumbing pathogens and free-living amoebae in the tap-water of one northern city of China[J]. Journal of Environmental Sciences, 77: 20-31.

MIAO X C, BAI X H, 2021. Characterization of the synergistic relationships between nitrification and microbial regrowth in the chloraminated drinking water supply system[J]. Environmental Research, 199: 111252.

MING H X, FAN J F, LIU J W, et al., 2021. Full-length 16S rRNA gene sequencing reveals spatiotemporal dynamics of bacterial community in a heavily polluted estuary, China[J]. Environmental Pollution, 275: 116567.

OZAWA S, OKABE S, ISHII S, 2016. Specific single cell isolation of *Escherichia coli* O157 from environmental water samples by using flow cytometryand fluorescence activated cell sorting[J]. Foodborne Pathogens and Disease, 13(8): 456-461.

PAN R J, ZHANG K J, CEN C, et al., 2021. Characteristics of biostability of drinking water in aged pipes after water source switching: ATP evaluation, biofilms niches and microbial community transition[J]. Environmental Pollution, 271: 116293.

PREST E I, HAMMES F, KÖTZSCH S, et al., 2013. Monitoring microbiological changes in drinking water systems using a fast and reproducible flow cytometric method[J]. Water Research, 47(19): 7131-7142.

RAMSEIER M K, VON GUNTEN U, FREIHOFER P, et al., 2011. Kinetics of membrane damage to high (HNA) and low (LNA) nucleic acid bacterial clusters in drinking water by ozone, chlorine, chlorine dioxide, monochloramine, ferrate (Ⅵ), and permanganate[J]. Water Research, 45(3): 1490-1500.

SCHANG C, SCHMIDT J, GAO L, et al., 2021. Rainwater for residential hot water supply: Managing microbial risks[J]. Science of the Total Environment, 782: 146889.

SIEDLECKA A, WOLF-BACA M, PIEKARSKA K, 2021. Microbial communities of biofilms developed in a chlorinated drinking water distribution system: A field study of antibiotic resistance and biodiversity[J]. Science of the Total Environment, 774: 145113.

WEBSTER J J, HAMPTON G J, WILSON J T, et al., 1985. Determination of microbial cell numbers in subsurface samples[J]. Groundwater, 23(1): 17-25.

XING X C, LI T, BI Z H, et al., 2021. Destruction of microbial stability in drinking water distribution systems by trace phosphorus polluted water source[J]. Chemosphere, 275: 130032.

ZHANG H H, FENG J, CHEN S N, et al., 2019a. Geographical patterns of *nirS* gene abundance and *nirS*-type denitrifying bacterial community associated with activated sludge from different wastewater treatment plants[J]. Microbial Ecology, 77(2): 304-316.

ZHANG H H, JIA J Y, CHEN S N, et al., 2018a. Dynamics of bacterial and fungal communities during the outbreak and decline of an algal bloom in a drinking water reservoir[J]. International Journal of Environmental Research and Public Health, 15(2): 1-20.

ZHANG H H, XU L, HUANG T L, et al., 2021a. Combined effects of seasonality and stagnation on tap water quality: Changes in chemical parameters, metabolic activity and co-existence in bacterial community[J]. Journal of Hazardous Materials, 403: 124018.

ZHANG H H, XU L, HUANG T L, et al., 2021b. Indoor heating triggers bacterial ecological links with tap water stagnation during winter: Novel insights into bacterial abundance, community metabolic activity and interactions[J]. Environmental Pollution, 269: 116094.

ZHANG J Y, DING X, GUAN R, et al., 2018b. Evaluation of different 16S rRNA gene V regions for exploring bacterial diversity in a eutrophic freshwater lake[J]. Science of the Total Environment, 618: 1254-1267.

ZHANG K, PAN R, ZHANG T, et al., 2019b. A novel method: Using an adenosine triphosphate (ATP) luminescence-based assay to rapidly assess the Biological stability of drinking water[J]. Applied Microbiology and Biotechnology, 103: 4269-4277.

ZHANG M L, XU M Y, XU S F, et al., 2020. Response of the bacterial community and antibiotic resistance in overnight stagnant water from a municipal pipeline[J]. International Journal of Environmental Research and Public Health, 17(6): 1995.

ZHAO L, LIU Y W, LI N, et al., 2020. Response of bacterial regrowth, abundant and rare bacteria and potential pathogens to secondary chlorination in secondary water supply system[J]. Science of the Total Environment, 719: 137499.

ZHU Z B, SHAN L L, ZHANG X Y, et al., 2021. Effects of bacterial community composition and structure in drinking water distribution systems on biofilm formation and chlorine resistance[J]. Chemosphere, 264(1): 128410.

第3章　冬季室内供暖诱导供水管道滞留水体细菌增殖特征

随着水处理技术的发展与完善，饮用水安全的重要性不言而喻。饮用水安全影响全球约36亿人(Ling et al., 2018)。许多地区特别是干旱地区，受地下水开发的限制，水库往往在城市饮用水供应中发挥着关键作用(Yang et al., 2015)。经过处理的水库水通常通过管道组成的配水系统输送给用户，但是由于一些不可避免的因素，如夜间滞留和水温升高，在管网输送过程中水质会发生变化。此外，饮用水质量受到严格监测。由于个人隐私问题，很难掌握家庭饮用水的水质状况(Ji et al., 2015)。

在自来水生态系统中，饮用水分配系统的生物膜、浮游细菌的组成、生物膜和浮游细菌中微生物群落与环境因子之间的关系逐渐清晰(Perrin et al., 2019; Wang et al., 2014; Bester et al., 2013)。温度和饮用水使用频率对生物群落的影响是显著的。水管内细菌再生的一个关键因素是水的滞留(Emilie et al., 2018)。受各种用水习惯影响，水的滞流是不可避免的。由于水管内的环境稳定，滞留状态下细菌活性变得越来越高，消毒剂浓度下降得也越来越快(Li et al., 2019; Fisher et al., 2012)。先前的研究表明，长期使用的配水系统中生物膜逐渐形成，可生物降解有机物有限(Emilie et al., 2018; Lehtola et al., 2006)。Chan等(2019)研究表明，经过超滤处理，58%的浮游生物细胞来自饮用水系统中的管道生物膜。以往许多研究表明，自来水经过一夜滞留，细菌繁殖和微生物群落的变化是不可避免的，原因包括温度变化、余氯消散和细菌从生物膜中释放(Ling et al., 2018; Bester et al., 2013)。总之，饮用水中生物膜和浮游细菌分布变化复杂。在室内供暖条件下饮用水管内微生物种类的研究鲜见报道。

在我国北方，许多城市安装了供暖系统，这是一个由内部循环热水管组成的系统，为人类冬季的低温活动提供舒适的条件(Yan et al., 2016)。热辐射可提高空气温度，进而影响室内管道水温(Li et al., 2019)。正如以往的研究报告所述，我国大多数地区的平均室内温度约为22℃，而室外温度可达0℃以下(Yan et al., 2016; Wang et al., 2011)。许多先前的研究集中在自然条件下饮用水中的细菌群落，并认为饮用水系统中的细菌群落组成是复杂的(Perrin et al., 2019; El-Chakhtoura et al., 2015; Proctor et al., 2015)，包括多达48个门，OTU的出现量超过4000个(Perrin et al., 2019; El-Chakhtoura et al., 2015)。此外，在不同的饮用水分配系统中，微生物群落在门水平上相似，如放线菌门(Actinobacteria)、拟杆菌门(Bacteroidetes)、蓝细菌门(Cyanobacteria)和变形菌门(Proteobacteria)(Ji et al.，2015)，差异主要出现在稀有分类群的分布上。同时，还检测到一些病原菌(Ling et al.，2018；Kumpel et al.，2016；Wang et al.，2013)。众所周知，机会致病菌(opportunistic pathogen，OPPP)的存在，包括嗜肺军团菌、分枝杆菌、棘阿米巴和铜绿假单胞菌，威胁人类健康(Naumova et al.，2016)。美国每年约有 41000 例管道相关病原体感染的病例(Ling et al.，2018)，这表明细菌群落结构可以作为一个前瞻性的水质指标，使饮用水在管道系统中更健康、更可靠。当饮用水通过管道输送到每个家庭时，直径较小的饮用水管道会产生高密度的生物膜。据报道，室内管网的比表面积为主管道的十倍(Zhang et al.，2015)。因此，在冬季供暖影响下对管道内微生物群落和 OPPP 变化的研究还很有限。

BIOLOG 是一种经常用于土壤微生物研究领域分析的典型方法(Classen et al.，2003；Garland et al.，1991)。BIOLOG-ECO 微平板是 BIOLOG 公司专门为生态研究开发的产品，含有 31 种不同的碳源，包括酸类、糖类、氨基酸类、酯类、醇类、胺类(Garland et al.，1991)。饮用水的常规生物稳定性研究焦点主要集中在群落结构和细菌再生(Ling et al.，2016；Wang et al.，2014)，为了探寻其中变化，流式细胞术、ATP 测定和高通量测序在过去几十年中得到了广泛应用(Ling et al.，2018；Vital et al.，2012)，但这些方法对饮用水微生物群落活性的评价存在一定的局限性。流式细胞术、高通量测序、ATP 测定和 BIOLOG 技术的结合，可以提供一种对饮用水细菌进行全面评估的方法。

本章主要对饮用水中不可避免的滞留和人工取暖对建筑室内供水管道菌群的影响进行解析。本章的主要目的：①研究我国西北地区采暖期滞留对细菌再生的影响；②揭示采暖期夜间滞留后细菌代谢的变化；③检测采暖期自来水和新鲜水的细菌群落结构和 OPPP；④评价余氯、总有机碳(TOC)和 pH 等关键水质参数与细菌群落的相关性；⑤尝试建立一种新的饮用水生物稳定性评价方法。在此基础上，评估自来水管道人工采暖和滞留对微生物生态变化的影响，可为城市管网微生态学研究提供参考。

3.1　采样点概况及采样方法

冬季我国的寒冷地区普遍采用市政供暖。图 3.1 为供暖期间我国北方典型城市(西安、北京和哈尔滨)的室内外温度。选择陕西省省会西安市(北纬 33°25′～34°27′，东经 107°24′～109°29′)进行采样，室外温度为−4～19℃，室内温度约

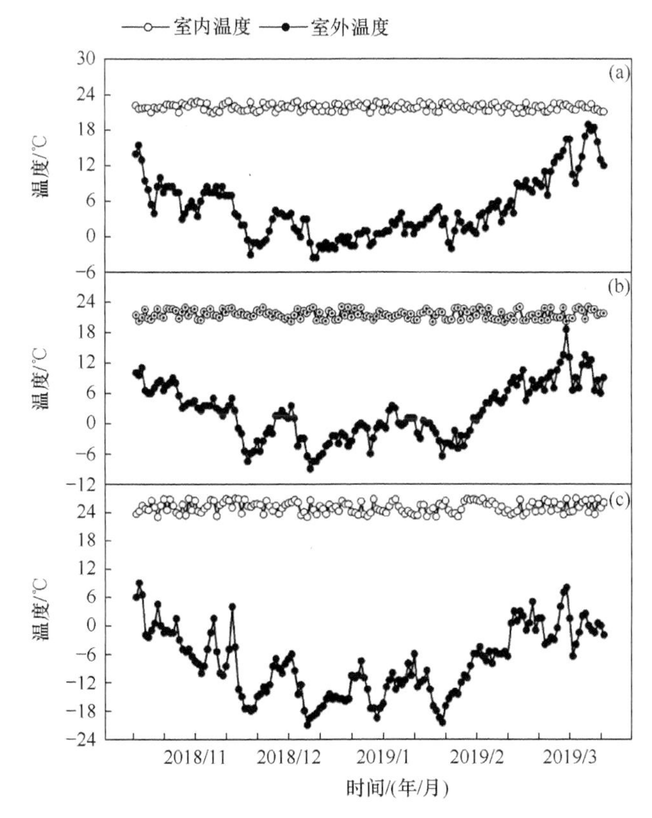

图 3.1　供暖期间我国北方典型城市的室内外温度

(a) 西安；(b) 北京；(c) 哈尔滨

为 23℃。

为研究冬季室内供暖引起的室内饮用水管道滞留水的微生物增殖特性，在清晨 6:00～7:00 对供暖房间内的水龙头进行采样并分析(共 6 个采样点)。为确保实验结果的可信度，选取不同类型建筑物进行采样，包括办公室、实验室、厕所、学生公寓，采样点楼体概况如表 3.1 所示。

表 3.1　采样点楼体概况

楼体	楼层总高度/层	采样点所在楼层	供水方式
楼体 1	7	3、4	集中供水
楼体 2	8	4、8	集中供水
楼体 3	5	2、3	集中供水
楼体 4	19	9、18	二次供水

3.2　水体化学参数变化

3.2.1　水体化学参数测定方法

1) 温度、pH 的测定方法

使用便携式 pH 计进行温度、pH 的测定，各样品采集完成后立即测定其温度、pH，各样品进行 3 次平行测定($n = 3$)。在每一次测定之前，都要用无菌水充分清洗探头，避免探头上携带的外来细菌影响实验结果。

2) 亚硝氮(NO_2^--N)浓度的测定方法

采用 *N*-(1-萘基)-乙二胺光度法测定亚硝氮浓度。

对氨基苯磺酰胺溶液制备方法：称取对氨基苯磺酰胺 5g 溶于 50mL 浓盐酸与纯水的混合液中，在容量瓶中定容至 500mL，该试剂易于储存不易变质。

N-(1-萘基)乙二胺二盐酸盐溶液制备方法：将 500mg *N*-(1-萘基)乙二胺二盐酸盐溶于 500 mL 水中，将其储存在棕色洁净试剂瓶中，在 4℃的冰箱中低温、避光保存。

标准曲线的绘制方法：将 1.2320g 亚硝酸钠溶于 150mL 纯水中，并将其移至 1000mL 的容量瓶中定容，得到溶液中亚硝氮浓度为 250mg/L；运用梯度稀释法，将标准溶液稀释至所需浓度，测定其在 540nm 波长处吸光度，以此绘制出标准曲线。

样品的测定方法：取适量样品于 50mL 比色管中，再加入 1mL 对氨基苯磺酰胺溶液并将其混合均匀，静待 2～8min 后，加入 *N*-(1-萘基)乙二胺二盐酸盐溶液并混合均匀，显色 10min 后，测定其在 540nm 波长处吸光度。

3) 硫酸根离子(SO_4^{2-})浓度的检测方法

采用铬酸钡分光光度法进行 SO_4^{2-} 浓度测定。

铬酸钡悬浊液的配制方法：分别在 1000mL 纯水中溶解 19.44g 铬酸钾(优级纯)和 24.44g 硫酸钡(优级纯)，并将其加热沸腾；将这两种溶液倒入一个 3000mL 的烧杯中，得到黄色铬酸钡悬浊液，静置沉淀后倾倒上清液；使用大约 1000mL 纯水进行清洗，重复清洗 5 次后，最后加水至 1000mL。

氨水(1+1)的配制方法：将浓氨水与纯水按体积比 1∶1 进行混合配制。

2.5mol/L 盐酸配制方法：将已标定浓度的浓盐酸溶液稀释至浓度为 2.5mol/L。

硫酸盐标准曲线的绘制方法：将 1.4786g 无水硫酸钠(优级纯)溶解于纯水中，并将其定容至 1000mL，该溶液的硫酸盐浓度为 1000 mg/L；采用梯度稀释法，将溶液稀释到所需浓度，并在 420nm 波长处测定吸光度。

样品的测定方法：将 50mL 水样置于 150mL 锥形瓶内，将 1mL 盐酸(2.5mol/L)加入水样中，用电磁炉将其加热煮沸，秒表计时 5min；之后取出，用移液枪吸将 2.5mL 铬酸钡悬浊液加入其中，再次煮沸 5min；随后将锥形瓶取下，稍微冷却后，向其逐滴加入事前制备好的氨水(1+1)溶液，直到溶液出现柠檬黄色的沉淀，再加入两滴；待试剂自然冷却后，在洁净漏斗中放入慢速定性滤纸将其中沉淀滤去，滤液收集于 50mL 比色管中；测定其在 420nm 波长处的吸光度。

4) 总铁浓度的测定方法

总铁浓度的测定使用火焰原子吸收法。采样后立即将样品用硝酸(1%)酸化。将样品用 0.22μm 的滤头过滤后，使用原子吸收光谱仪测定。在空气–乙炔火焰中，铁化合物很容易被原子化，可于 248.3nm 波长处测量其基态原子，并根据空心阴极灯的特征辐射吸收情况来进行定量。

5) 总有机碳浓度的测定方法

总有机碳(total organic carbon，TOC)浓度的测定使用总有机碳测定仪来进行。先将样品分装到总有机碳测定样品瓶中，然后放进总有机碳测定仪进行检测。

6) 自由性余氯浓度和总余氯浓度的测定方法

采用 *N*,*N*-二乙基对苯二胺(DPD)分光光度法来测定水中的自由性余氯浓度与水中总余氯浓度，简称为 DPD 分光光度法。

显色剂的配制方法：称取 1.5g DPD 硫酸盐，使其溶于含有 0.2g Na_2-EDTA 的酸性溶液中，再将其定容至 1000mL，储存于棕色试剂瓶中，并于 4℃环境下避光保存。

磷酸盐缓冲液的配制方法：将 24g 无水磷酸氢二钠、46g 无水磷酸二氢钾和 0.8g Na_2-EDTA 依次溶于纯水中，定容至 1000mL。

1000mg/L 氯标准溶液配制方法：将 0.8910g 高锰酸钾溶于纯水中，定容至 1000mL；再将标准溶液逐级稀释至 0.1mg/L、0.3mg/L、0.5mg/L、0.7mg/L、1.0mg/L、1.5mg/L、3.0mg/L，进行标准曲线的绘制。

自由性余氯浓度测定方法：分别吸取 0.5mL 磷酸缓冲液和 0.5mL DPD 显色剂，将它们依次加入含 10 mL 水样的比色管中，使其混合均匀，立刻在分光光度计下检测 515nm 波长处的吸光度。

3.2.2　采暖期过夜滞留水体化学参数变化情况

温度是供水管网水质的一个重要指标。在供暖过程中，向采样点输送的滞留水和新鲜水温度见图 3.2。采样点 1～6 滞留水的平均温度分别为 14.2℃、14.4℃、14.5℃、15.1℃、18.8℃和 17.3℃，如图 3.2(a)所示。新鲜水在各个采样点的平均温度分别为 11.1℃、10.0℃、11.3℃、11.6℃、11.0℃和 12.1℃。供暖期间，供水温度上升 3.1～7.8℃，滞留水的平均温度显著高于新鲜水(4.52℃)($P < 0.001$)[图 3.2(b)]。

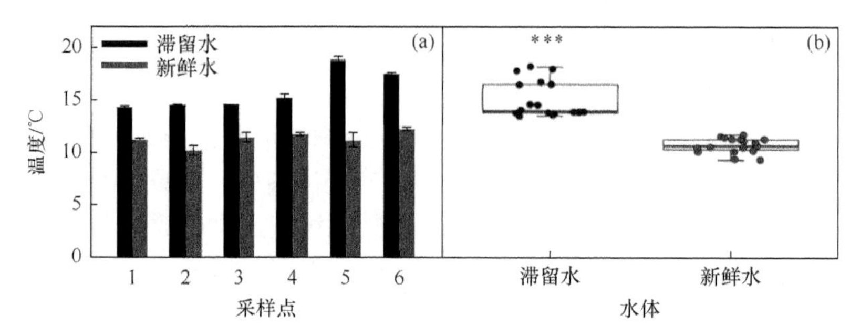

图 3.2　采暖期滞留水与新鲜水温度的变化

(a) 条形图；(b) 箱线图($n = 6$)

先前报道的供水系统水体在滞留期间水温也迅速升高。Lautenschlager 等(2010)对 10 户家庭中过夜滞留水进行分析，发现新鲜水样品的平均温度为 9.1℃，而铜管中滞留水样品的平均温度可以达到 20℃。Yan 等(2016)认为，大部分有供暖设施的城市住宅室内温度为 22.0℃左右，但未安装供暖设施的城市住宅冬季室内温度为 12.0～15.0℃。结果表明，滞留水和新鲜水的温度差异受到的影响来自多种因素，如管材及外部环境。在本章中，室内供暖是滞留水和新鲜水之间温度差异的主要因素。

为了获得更详细的信息来解释供暖期间细菌的分布动态，还对其他重要的化学参数进行了测定，见图 3.3。滞留水和新鲜水的平均 pH 分别为 7.84(7.72～8.00)和 7.90(7.67～8.02)[图 3.3(a)]。可见，pH 在滞留水和新鲜水中的变化并不明显。本章还测定了饮用水中可以影响铁释放的一种主要离子——硫酸根离子(SO_4^{2-})的浓度，如图 3.3(b)所示，滞留水和新鲜水中 SO_4^{2-} 平均浓度相似(15.94mg/L 和 15.85 mg/L)，并无显著差异($P > 0.05$)。TOC 浓度是描述水样中所含天然有机物的最常用参数之一，此参数在两种水样中也无明显差异($P > 0.05$)，滞留水与新鲜水的 TOC 平均浓度分别为 1.18mg/L(0.81～2.44mg/L)与 1.20mg/L(0.73～2.59mg/L)[图 3.3(c)]。亚硝氮(NO_2^--N)的平均浓度在滞留期间有所增加，滞留水中 NO_2^--N 平均浓度比新鲜水中 NO_2^--N 平均浓度增加了 5 倍，滞留之后水中 NO_2^--N 的平均浓度为 0.005mg/L，而新鲜水中 NO_2^--N 浓度均低于检测限[图 3.3(d)]。水中的金属污染物会危害人体健康，如总铁(Fe)(Lan et al.，2014)，测定 Fe 浓度可以评估供暖期间滞留水的潜在危害。在饮用水滞留期间，自来水中 Fe 的平均浓度从 0.08mg/L 增加到 0.55mg/L，增加了 5.88 倍[图 3.2(e)]。图 3.3(f)展示出检测到的自由性余氯在滞留水样品中的平均浓度明显低于其在新鲜水样品中的平均浓度($P < 0.001$)。

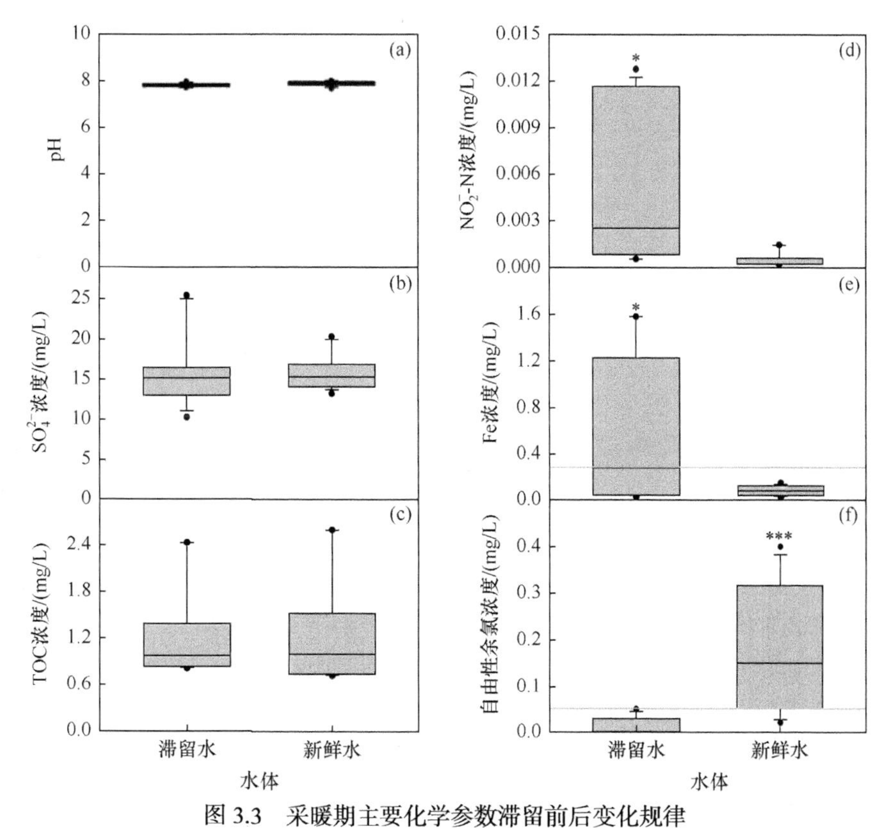

图 3.3　采暖期主要化学参数滞留前后变化规律

(a) pH；(b) SO_4^{2-} 浓度；(c) TOC 浓度；(d) NO_2^--N 浓度；(e) Fe 浓度；(f) 自由性余氯浓度

饮用水中的微生物种群结构已成为人们关注的焦点，但是在滞留期间有关这些关键化学参数的变化情况却很少有报告(Lautenschlager et al.，2010)。滞留水和新鲜水的 pH、TOC 浓度和SO_4^{2-}浓度检测结果没有发现明显差别，此现象和之前的研究一致(Lautenschlager et al.，2010)。NO_2^--N 的浓度在滞留期间有着明显的增加($P<0.01$)，并且一夜滞留会导致水中的自由性余氯几乎消耗殆尽。供暖期间室内管道水经过一夜滞留后，饮用水的余氯浓度及 Fe 浓度均不符合国家饮用水标准(GB 5749—2022)。

3.3　细菌细胞总数和 ATP 的变化

3.3.1　细菌细胞总数和 ATP 测定方法

1. 细菌细胞总数的测定方法

应用流式细胞术(FCM)及 SYBR Green Ⅰ来检测细胞总数，包括自来水中所有可培养及不可培养的细胞。流式细胞仪检测样品采集后须在 1h 内保存于 4℃冰箱中，并且在 4h 内检测完毕。在黑暗中染色细菌细胞，常常使用在无水二甲基亚砜中稀释了 100 倍的 10μL/mL SYBR Green Ⅰ。随后将样品放置于金属浴中，于 30℃的黑暗环境下染色 20min，再进行样品测定。在分析之前，为了确保背景与细菌的清晰分离，样品应用超纯水稀释至原液的 20%。各样品分别设置三个平行样(n = 3)。使用流式细胞仪 CyFlow-SL 和 30mW 固体激光(488nm)来进行检测，绿色荧光信号采集于 FL1(500nm)通道。流式细胞仪的操作参数：用超纯水清洗针头至注射速率小于 10 次/s，以 30μL/s 的中速来进行细胞计数。通常流式细胞术的系统误差在 5%以内。

2. ATP 的测定方法

采用生物化学发光仪配合 ATP 试剂的方法测定饮用水中总 ATP 浓度和游离 ATP 浓度。简单地说，用无菌尖底离心管(1.5mL)将水样品(500μL)与 ATP(50μL)分别置于金属浴锅中，在 38℃环境下分别加热 10min 和 2min，然后将二者混合起来，继续加热 20s，随后立刻测量其发光值。该数据以相对光单位(relative light unit，RLU)的形式表示，并通过用已知 ATP 标准构建的标准曲线转换成 ATP 浓度(gATP/L)。经过 0.1μm 无菌滤头过滤，采用上述操作测量各样品中游离 ATP 浓度，胞内 ATP 浓度由每个样本中的总 ATP 浓度减去其中游离 ATP 浓度得到。全部的样品一式三份(n = 3)。

3.3.2 细菌细胞总数和 ATP 的变化情况

滞留水中细菌细胞总数与新鲜水相比大幅度增加[图 3.4(a)]。滞留水与新鲜水中细胞总数分别为 0.51×10^5～2.27×10^5 个/mL 与 0.27×10^5～1.62×10^5 个/mL，细胞再生率为 1.39～1.99 倍。滞留水与新鲜水的平均细胞总数分别是 0.95×10^5 个/mL 与 0.62×10^5 个/mL。

近几年来，学者们越来越关注 ATP 用于分析指示饮用水中细菌的稳定性。ATP 一直被誉为生物细胞“能量货币”，可以用于评估细菌生存能力(Hammes et al., 2010)。Hammes 指出，忽略游离 ATP 会造成测评结果不精确，因此测定总 ATP 浓度及游离 ATP 浓度，接着用总 ATP 浓度减去游离 ATP 浓度可计算得出胞内 ATP 浓度。图 3.4(b)说明了滞留水中的细胞总 ATP 浓度(19.07×10^{-12}gATP/mL)明显高于新鲜水细胞总 ATP 浓度(14.13×10^{-12}gATP/mL)，其浓度分别为 10.82×10^{-12}～39.95×10^{-12}gATP/mL 与 7.83×10^{-12}～30.61×10^{-12}gATP/mL。滞留水样品和新鲜水样品的胞内 ATP 浓度分别为 4.48×10^{-17}～18.09×10^{-17}gATP/个和 2.77×10^{-17}～14.02×10^{-17}gATP/个[图 3.4(c)]。

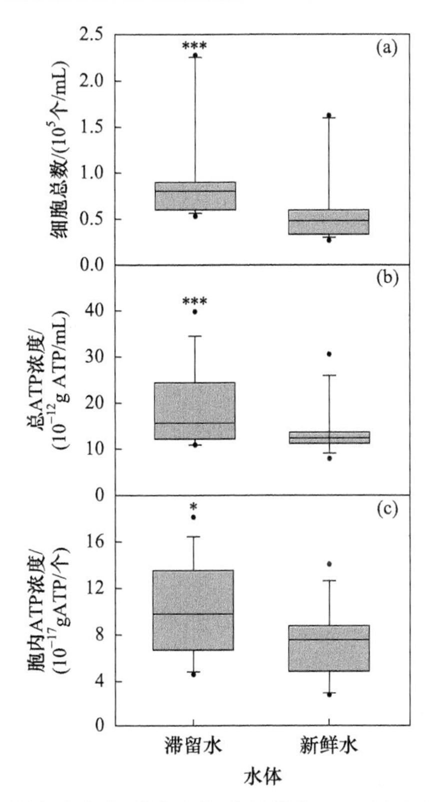

图 3.4　滞留水与新鲜水中细胞总数与 ATP 浓度变化规律

(a) 细胞总数；(b) 总 ATP 浓度；(c) 胞内 ATP 浓度($n=6$)

细胞总数显著增加($P<0.001$)主要是因为室内暖气供应，温度升高，余氯衰减，细菌从管道的生物膜中被释放出来。滞留水中的细胞总数比先前的研究结果略低一些(Lautenschlager et al.，2010)，这或许是因为管道中的残留氯会抑制细菌生长(Berry et al.，2006)。细菌细胞会在滞留水中进行增殖，这一结果与先前的研究结果相吻合，即在滞留过程中细菌会再生(Emilie et al.，2018；Berry et al.，2006)。长时间的滞留会使水中余氯快速消散，在室内供热的作用下，管道水的温度随之上升，水厂处理无法去除的残留有机物会为管道水中的细菌提供适宜生存增殖的生态环境。若细胞总 ATP 浓度增加是细胞总数的增长导致的，则胞内 ATP 浓度应相差甚小，但图 3.4(c)呈现的数据则表明，与新鲜水相比，滞留水胞内 ATP 浓度(10.04×10^{-17}gATP/个)是新鲜水胞内 ATP 浓度(7.37×10^{-17}gATP/个)的 1.36 倍。滞留水中的细胞总数是新鲜水细胞总数的 1.53 倍左右[图 3.4(a)]，可以得到细菌总 ATP 浓度增加是细菌再生和胞内 ATP 浓度上升共同导致的。可以用细胞总数来合理衡量细胞生物量，胞内 ATP 浓度可以表明饮用水的细菌稳定性(Vital et al.，2012)。因此，细菌 ATP 浓度越大，其代谢活性越高，再生能力也越强。

本小节细菌 ATP 浓度与之前研究结果相似，但胞内 ATP 浓度略高于之前的研究结果(Zhou et al., 2015)，可能是室内供暖导致细菌群落发生改变。不同微生物群落及其不同理化状态之间的 ATP 浓度都会有着明显的差异(Zhang et al., 2019)。人们为了在冬季使室内温度维持在较高的状态，很少会打开室内门窗，这种行为同时给细菌滋生提供了较为舒适的条件。由图 3.5 可知，相比于直接供水(direct water，DW)，二次供水(secondary water，SW)中滞留水与新鲜水的完整细胞总数均显著升高，说明二次供水的水质降低，会对人体健康造成一定风险。因此，必须确保高层建筑的供水用水安全，创建干净卫生的饮用水环境(Alizadeh et al., 2018)。

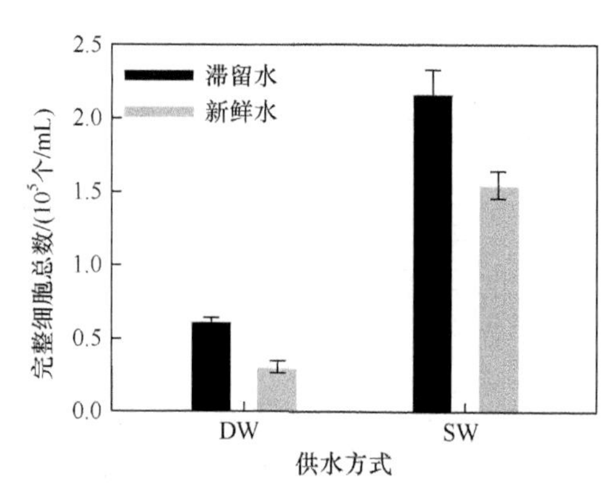

图 3.5　二次供水(SW)和直接供水(DW)样品完整细胞总数的比较($n = 3$)

3.4　细菌代谢多样性的比较

3.4.1　AWCD$_{590nm}$的测定方法

通常情况下，AWCD$_{590nm}$是描述细菌群落代谢活性的主要指标。为评价样品中的细菌群落活性，采用 BIOLOG 技术对样品细菌群落活性和碳代谢情况进行测定。生态板中含有酸类、糖类、氨基酸类、酯类、醇类、胺类 31 种不同碳源。每个生态板中都设置三个平行样及 96 孔。将每个样品在超净工作台上通过电子移液枪注入 ECO 微平板中，每个孔均注入 150μL。所有的 ECO 板注射样品后在 28℃±2℃的黑暗培养箱内培养 240h，每隔 24h 使用 BIOLOG 自动微生物鉴定系统检测一次样品。用 120h 或 144h 的 OD 值计算得到碳源的利用率，以各个时间点的数据计算得出平均 OD 值(AWCD$_{590nm}$)，以此作为微生物群落代谢活性的重要指标。

3.4.2　细菌代谢多样性的比较结果

$AWCD_{590nm}$ 通常用来判断细菌群落的代谢活性。微生物的 $AWCD_{590nm}$ 随着 BIOLOG-ECO 板培养时间的延长而增大，但各样点的变化趋势有所差异[图 3.6(a)]。从图 3.6(b)可以看出，在相同的水龙头中，经过滞留的自来水 $AWCD_{590nm}$ 明显比新鲜水 $AWCD_{590nm}$ 高。结果显示，在室内供暖期间，滞留水中的细菌群落活性较高于新鲜水，这个结果与完整细胞总数及胞内 ATP 浓度的检测结果保持一致。

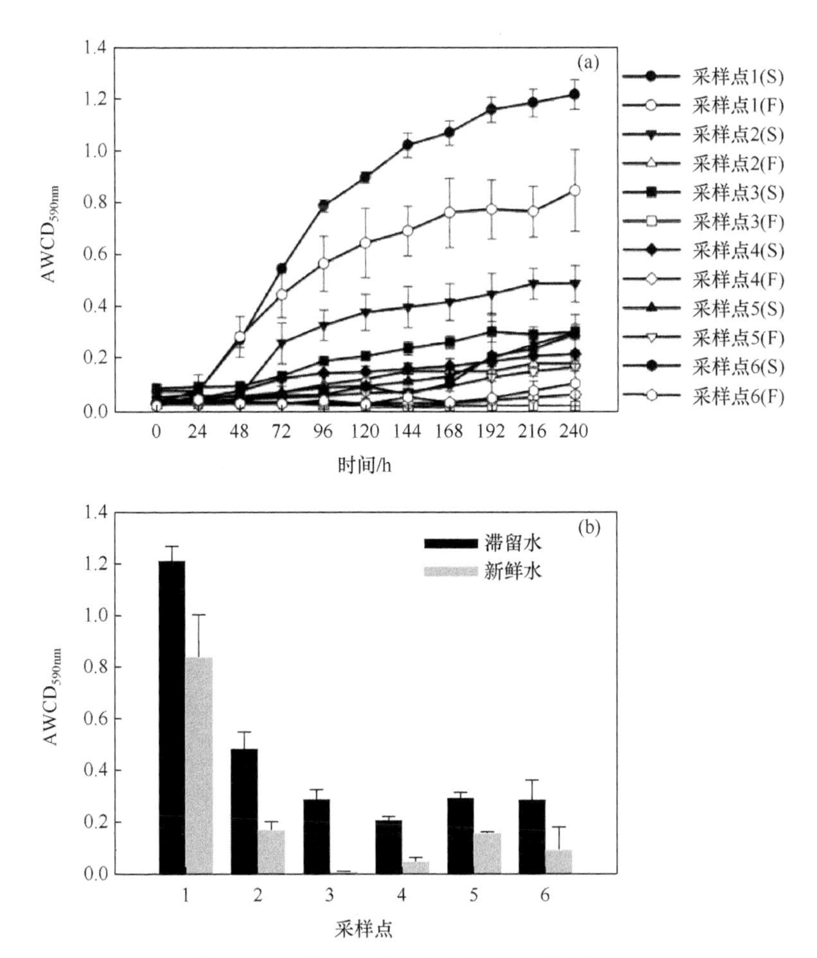

图 3.6　新鲜水和滞留水中细菌代谢多样性

(a) 0～240h $AWCD_{590nm}$ 增长曲线；(b) 第 240h 的 $AWCD_{590nm}$；S 表示滞留水；F 表示新鲜水

SW 新鲜水体中的微生物较 DW 滞留水体中的微生物更加活跃(图 3.7)，由此可以推断，二次供水时，水塔内的微生物活性会随之增强。此外，二次供水时系统中的管道水与水箱水在理论上均是滞留水，而实验结果显示管道水的代谢活性较高，说明管道能够为细菌的生长创造良好的条件。这是因为管道直径大幅减小而使面积体积比增大(Nguyen et al.，2012)，这会促进自来水和管道管壁生物膜的相互作用，许多细菌在滞留期从管壁生物膜中释出，饮用水中所含的有机碳可促进细菌生长。

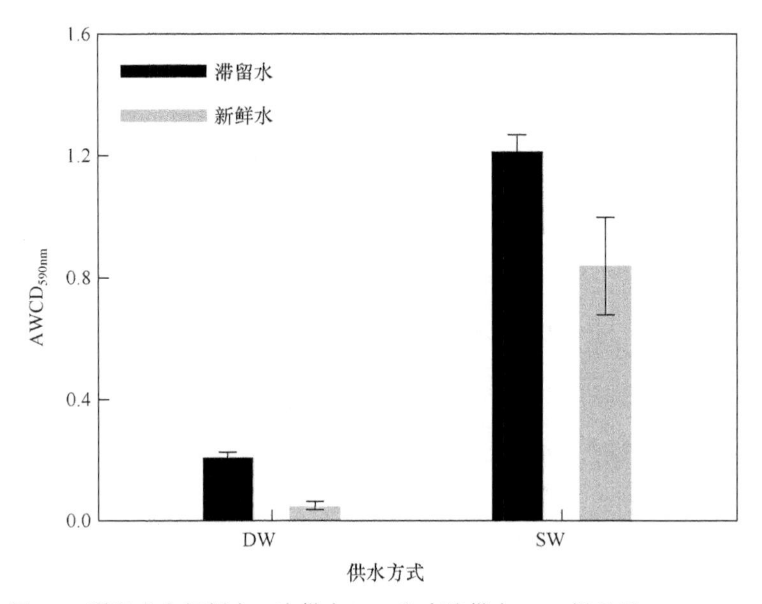

图 3.7　滞留水和新鲜水二次供水(SW)和直接供水(DW)样品的 $AWCD_{590nm}$

目前，人们关于饮用水中细菌群落对碳源利用的认知还很薄弱。从图 3.8 可以看出，新鲜水中微生物相比于滞留水中微生物，对碳源的代谢能力明显更低($P<0.01$)，滞留水和新鲜水的酯类平均 OD 值分别为 0.49 和 0.28，糖类平均 OD 值分别为 0.24 和 0.12，醇类平均 OD 值分别为 0.30 和 0.09，氨基酸类平均 OD 值分别为 0.34 和 0.20，胺类平均 OD 值分别为 0.07 和 0.02，酸类平均 OD 值分别为 0.46 和 0.12。研究结果显示，水体中的微生物群落能够充分利用水中的酯类物质进行代谢、增殖，胺类有机物却很少被使用。胺类在生物膜的形成过程中是十分重要的物质，胺类的某些化学结构具有脂肪族的特性，可以影响细胞的生长、繁殖、分裂、分化及膜稳定性(Igarashi et al.，2010)。目前尚不清楚过量的胺类物质能否抑制饮用水中细菌的增长，或许可为控制管网中生物膜的形成提供一种新的可行方法。

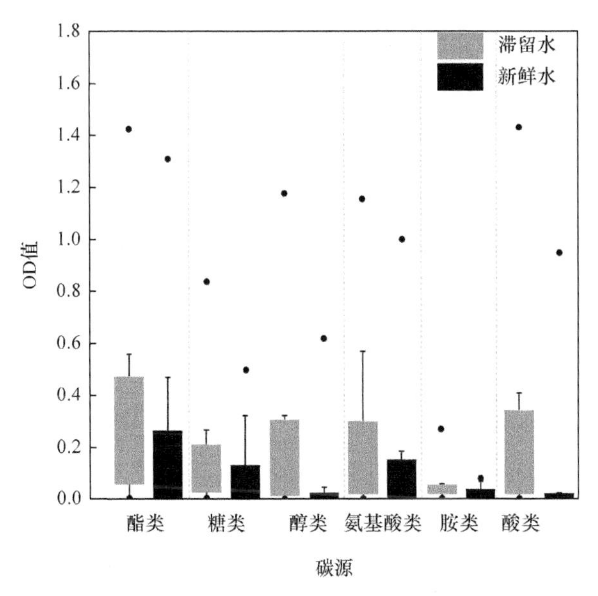

图3.8 滞留水与新鲜水中微生物对六大类碳源利用情况($n=6$)

3.5 细菌最大再生点的定位实验

选取不锈钢和铁质两种材质的水龙头作为采样点，分别对细菌最大再生点进行检测。由图3.9(a)可以得知，当水出流量增大时，不锈钢水龙头(stainless steel tap, SST)和铁水龙头(iron tap, IT)中水体温度均有逐渐下降的现象，分别从23.4℃降至18.8℃和从21.6℃降至15.3℃，前100mL水与新鲜水的最大温度差是6.3℃。随着水出流量增大，pH依旧保持稳定，分别为7.50 ± 0.01和7.57 ± 0.01，此pH可为大多数细菌创造良好适宜的生存条件。由图3.9(b)可知，SST和IT中的总余氯浓度分别为0.07～0.42mg/L和0.09～0.48mg/L。除此之外，SST和IT中的细胞总数都呈现出明显下降的趋势，分别为1.34×10^{5}个/mL降至0.03×10^{5}个/mL和2.36×10^{5}个/mL降至0.48×10^{5}个/mL[图3.9(c)]。虽然是来自相同分配系统的饮用水，但初始100mL水样的细胞总数有着较明显的差异(IT是SST的1.76倍)。HPC法是一直用来监测饮用水微生物水质的传统分析技术，使用HPC法得到所有水样中可培养的细菌平板计数见图3.9(d)。在SST中，菌落数从4173CFU/mL下降到1253CFU/mL，最大下降率为69.97%，然而在IT中菌落数最大下降率为83.83%(从5646CFU/mL下降到913CFU/mL)，与细胞总数的趋势一致。图3.9(e)展示了细菌总ATP浓度在实验过程中有着较为明显的降低(SST：15.65×10^{-12}～2.65×10^{-12}gATP/mL，IT: 23.78×10^{-12}～4.19×10^{-12}gATP/mL)。前100mL的IT

样品水中发现铁浓度超高的现象(平均值为 1.18mg/L)，SST 样品中铁浓度却明显较低(平均值为 0.04 mg/L)[图 3.9(f)]。

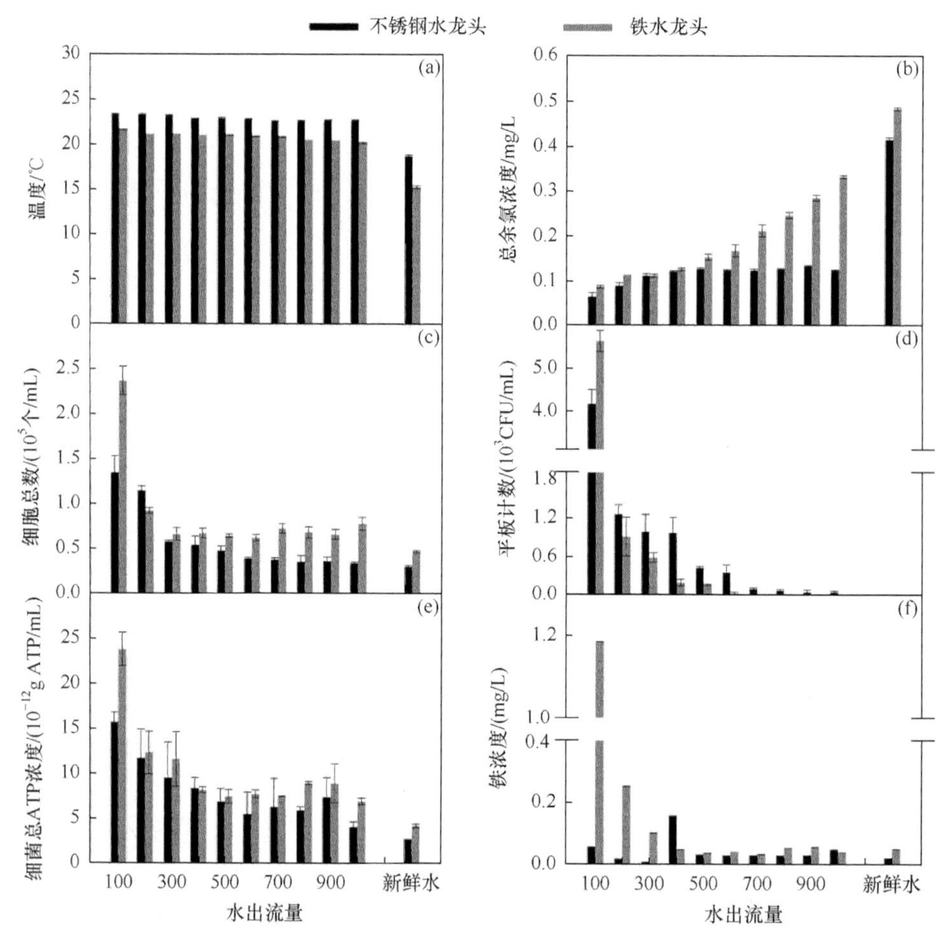

图 3.9　不锈钢水龙头和铁水龙头饮用水水质参数随水出流量变化特征

(a) 温度；(b) 总余氯浓度；(c) 细胞总数；(d) 平板计数；(e) 细菌总 ATP 浓度；(f) 铁浓度

在上述结果中，新鲜水的细胞总数、细菌总 ATP 浓度及平板计数与之前的研究结果相符合(El-Chakhtoura et al.，2015)，但滞留水中平板计数总 ATP 浓度稍高于以往的研究结果(Ling et al.，2018；Widen et al.，2010)，这证明了本土细菌在不同环境下的生长情况是不同的。另外，ATP 浓度受不同细菌类型和生理状况的影响(刘扬阳等，2016)。与不锈钢相比，铁材质的管道中饮用水水质更易于发生恶化。温度对细菌生理状态影响不大，低温条件下 IT 样品的细胞总数和总 ATP 浓度会比高温条件下 SST 样品的微生物指标更大(图 3.9)。通常情况下，饮用水的微生物分布由多种因素决定，如管道材料、管道形状和直径、建筑物的年龄和大小、消毒剂残留量、水中营养成分及两个管网节点之间的距离(Lechevallier et al., 1996；Kerneïs et al., 1995)。综上可知，水质在室内供暖及管道内滞留的影响下会逐渐恶化，且出水时前 100mL 水中细菌增长最多。

3.6　细菌群落多样性分析

运用 Illumina PE 250 测序法提取和分析六份滞留水样本和新鲜水样本的 DNA，在滞留水和新鲜水样本之间发现了群落间的差异。根据测序分析，滞留水样本产生 2696 个操作分类单元(operational taxon unit，OTU)，是新鲜水样本 OTU 数(1937)的 1.39 倍。表 3.3 显示滞留水样本和新鲜水样本的平均 OTU 数分别为 449 和 323，这一结果表明滞留水中的微生物群落发生了更大的改变。另外，香农(Shannon)指数越大代表水中群落多样性更高。如表 3.2 所示，滞留水和新鲜水 6 个采样点的香农指数分别是 4.80 和 3.87、4.55 和 3.66、4.20 和 1.43、3.29 和 2.51、3.71 和 3.41、3.40 和 2.33。此结果反映了供暖期间滞留水中细菌群落丰度更高，并且多样性更加丰富($P < 0.05$)。

表 3.2　细菌丰度及多样性指数表

编号	0.97 水平					
	读长	OTU 数	Chao 1 指数	覆盖范围	Shannon 指数	Simpson 指数
采样点 1 (S)	44783	617	631 (623,652)	0.999	4.80 (4.79,4.82)	0.026 (0.025,0.026)
采样点 1 (F)	50948	531	548 (538,570)	0.999	3.87 (3.85,3.89)	0.075 (0.074,0.077)
采样点 2 (S)	31226	639	670 (655,698)	0.998	4.55 (4.53.4.57)	0.034 (0.033,0.035)
采样点 2 (F)	30141	383	443 (416,491)	0.998	3.66 (3.65,3.68)	0.0466 (0.0459,0.0474)
采样点 3 (S)	27350	506	521 (512,543)	0.999	4.20 (4.17,4.22)	0.060 (0.058,0.062)
采样点 3 (F)	49822	258	316 (290,366)	0.999	1.43 (1.42,1.45)	0.428 (0.424,0.432)
采样点 4 (S)	22599	413	465 (441,508)	0.997	3.29 (3.26,3.32)	0.162 (0.158,0.166)
采样点 4 (F)	44985	408	436 (421,465)	0.999	2.51 (2.49,2.53)	0.252 (0.248,0.256)
采样点 5 (S)	11620	316	357 (336,396)	0.995	3.71 (3.68,3.75)	0.063 (0.061,0.065)

续表

编号	0.97 水平					
	读长	OTU 数	Chao 1 指数	覆盖范围	Shannon 指数	Simpson 指数
采样点 5 (F)	7815	261	286 (273,313)	0.994	3.41 (3.37,3.46)	0.089 (0.086,0.092)
采样点 6 (S)	51289	205	205 (205,205)	1	3.40 (3.38,3.41)	0.078 (0.077,0.079)
采样点 6 (F)	21396	96	96 (96,96)	1	2.33 (2.31,2.36)	0.172 (0.170,0.175)

注：S 表示滞留水样本；F 表示新鲜水样本；Chao l 指数为反映群落丰度的指数；Shannon 指数和 Simpson 指数为反映群落多样性的指数。

已有研究从不同角度对滞留后的饮用水微生物多样性进行了分析，如特定物种的鉴定及滞留后细菌群落的变化(Lautenschlager et al.，2010)。微生物群落间的相互关系对其群落构成有一定的影响，如图 3.10 所示，滞留水样本中的酸杆菌门(Acidobacteria)、放线菌门(Actinobacteria)、拟杆菌门(Bacteroidetes)、绿弯菌门(Chloroflexi)、蓝细菌门(Cyanobacteria)、厚壁菌门(Firmicutes)、浮霉菌门(Planctomycetes)和变形菌门(Proteobacteria)与新鲜水样本相比，平均 OTU 数均要更高一些，依次分别上升了 205.66%、140.88%、112.91%、400.00%、67.17%、17.88%、76.97%和 47.89%。夜间滞留时厌氧区出现可能会造成拟杆菌门和变形菌门的 OTU 数增加，说明拟杆菌门和变形菌门在需氧/厌氧区更加丰富。

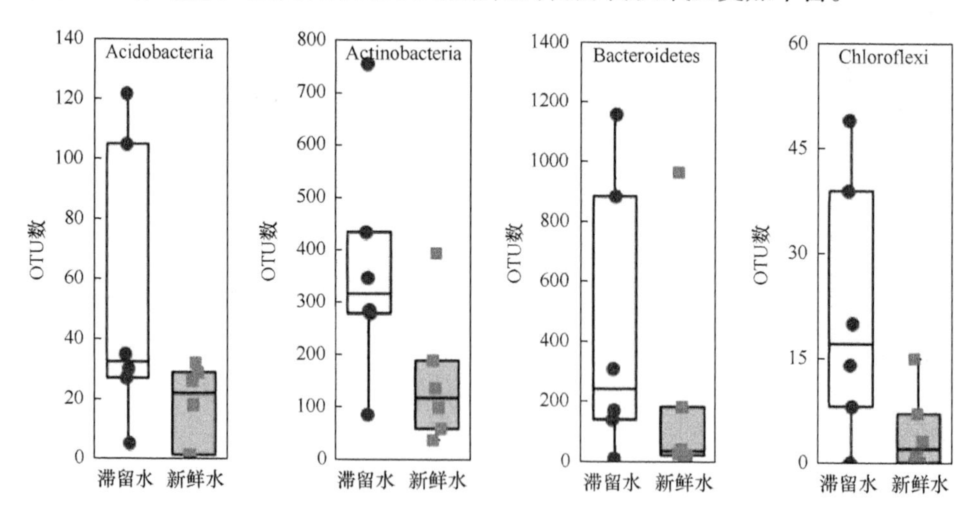

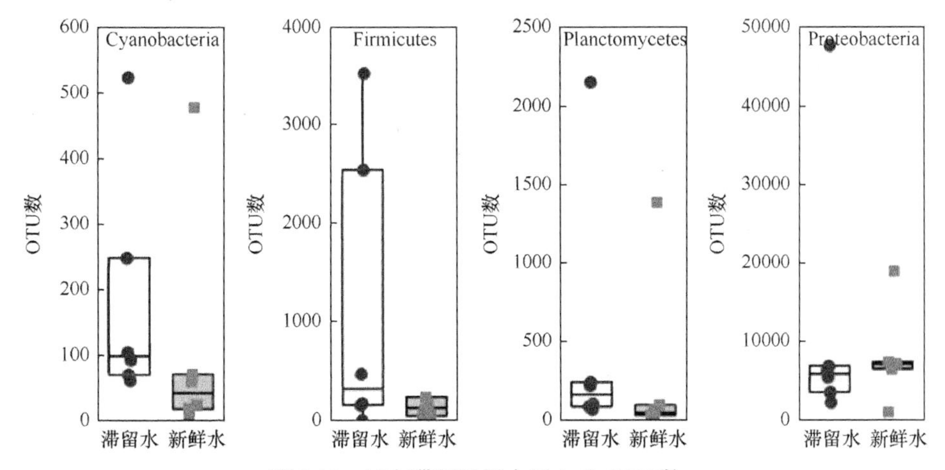

图 3.10　过夜滞留后门水平上的 OTU 数

另外，在冲洗 5min 之后，样本中几个 OPPP 的平均 OTU 数显著降低(*Mycobacterium* spp. 滞留水与新鲜水平均 OTU 数分别为 21 和 16，*Pseudomonas* spp. 滞留水与新鲜水平均 OTU 数分别为 154 和 101)(图 3.11)。此结论与以前我国某城市自来水中 OPPP 的研究相似度极高(Kumpel et al.，2016)。滞留状态下，余氯衰减及生物膜的释放可能是 OPPP 再生的主要原因(Erickson et al., 2017; Kumpel et al., 2016)。新鲜水中存在 OPPP 可以说明大多数水传播病原体也许具有抗消毒剂的性质(Madigan et al.，2006)，故长期水体滞留和室内供暖都有促进 OPPP 增殖的风险。此外，饮用水在滞留一段时间后，*Alloprevotella* spp.、*Anaerococcus* spp.、*Bacteroides* spp.、*Barnesiella* spp.、*Dechloromonas* spp.等的 OTU 数分别增长为滞留前的 20.43 倍、18.00 倍、8.45 倍、5.63 倍、42.00 倍(图 3.11)。这说明 OPPP 在供暖期间的夜间滞留时段可能逐渐占据主导地位，该发现与此前的研究结果相吻合(Liu et al., 2019)。总之，必须开发更高效的防治水中病原菌的方法措施，短期冲洗可能是目前提升水质最高效的途径之一。结合已有的研究结果，建议在医院、酒店、公寓、养老院和宿舍等集中热水供应系统中控制水温高于 51℃(El-Chakhtoura et al.，2015)。

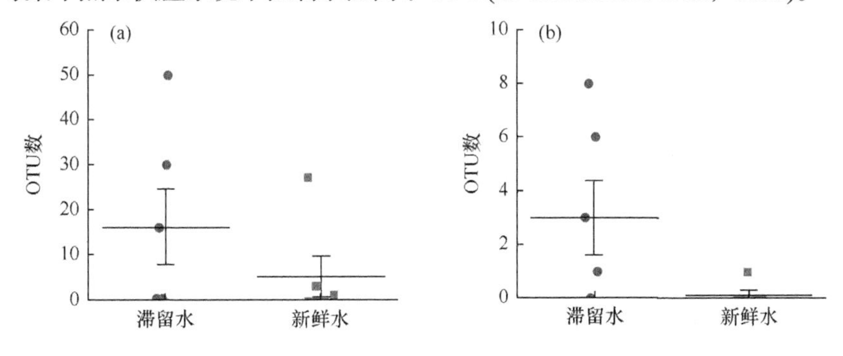

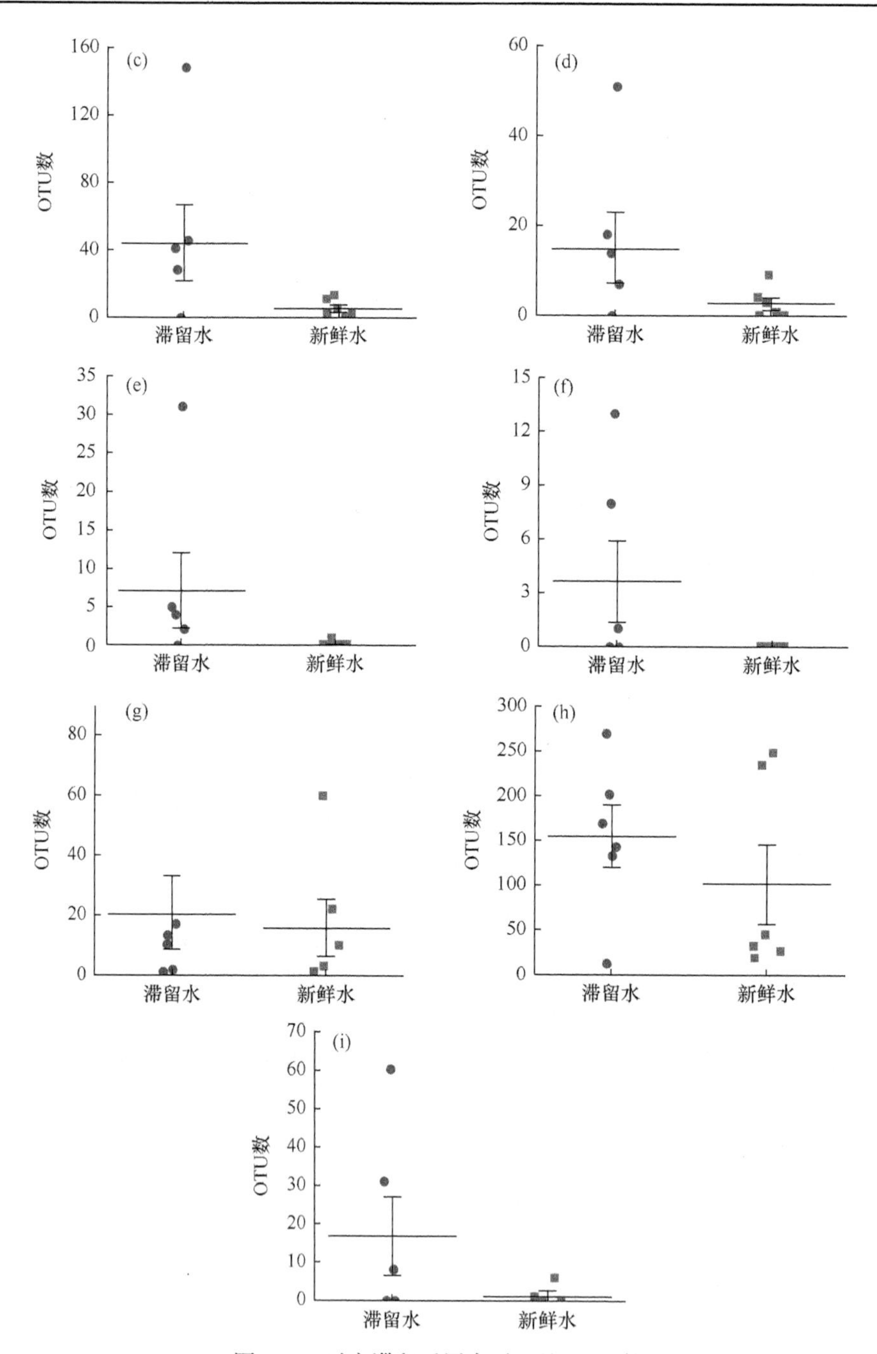

图 3.11　过夜滞留后属水平上的 OTU 数

(a) *Alloprevotella* spp.；(b) *Anaerococcus* spp.；(c) *Bacteroides* spp.；(d) *Barnesiella* spp.；(e) *Dechloromonas* spp.；(f) *Flavobacterium* spp.；(g) *Mycobacterium* spp.；(h) *Pseudomonas* spp.；(i) *Sideroxydans* spp.；长条表示 25 和 75 百分位；长线表示平均水平

将冗余分析(redundancy analysis，RDA)用于评估微生物群落结构和环境参数之间的关系，如图 3.12 所示，自来水细菌群落 95.8%的变异可以用前两个 RDA 维度来解释。RDA 分析结果显示，硫酸盐(SO_4^{2-})浓度和温度会对细菌群落结构造成极大影响($P < 0.01$)。温度对细菌的影响已为人所熟知，这个结果与先前的研究相吻合(Lautenschlager et al.，2010)。

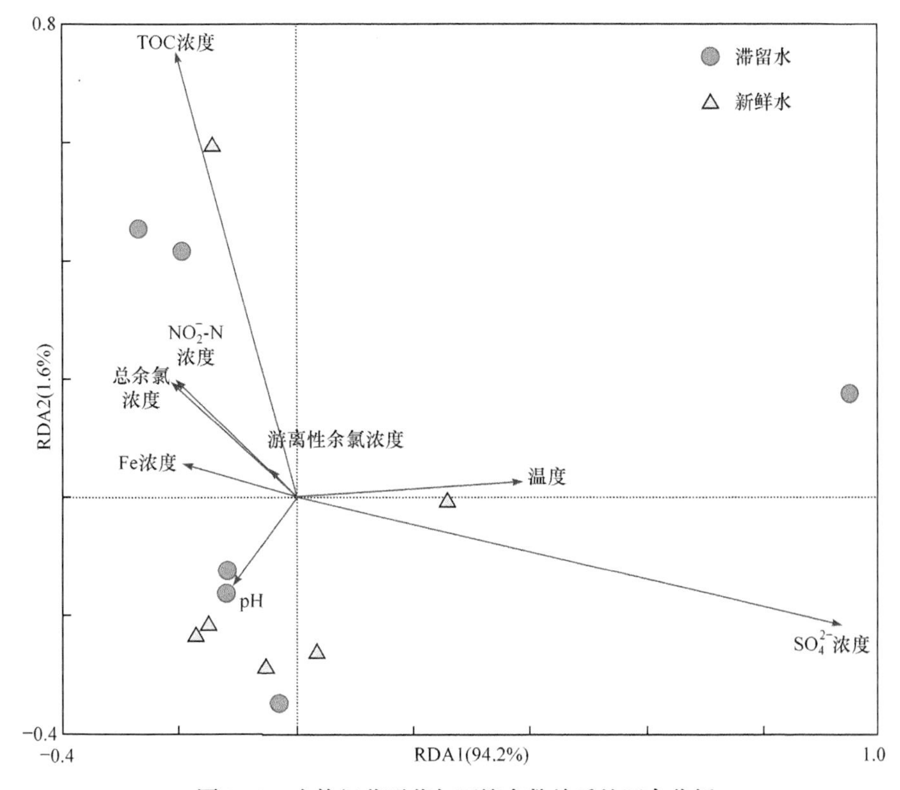

图 3.12 水体细菌群落与环境参数关系的冗余分析
RDA 1 解释了总方差的 94.2%，RDA 2 解释了总方差的 1.6%

SO_4^{2-} 浓度也与细菌群落有着密切的相关性。Ghosh 等(2009)证实了醋杆菌科(Acetobacteraceae)、生丝微菌科(Hyphomicrobiaceae)和红杆菌科(Rhodobacteraceae)的细菌在需氧和微需氧条件下能够将硫化物氧化为硫酸盐，它们在滞留水样品中的平均 OTU 数分别增加为滞留前的 1.09 倍、1.57 倍和 3.07 倍(图 3.13)。自来水在供暖期间经过夜晚的滞留会导致硫酸盐氧化菌的组成发生变化，因而SO_4^{2-}与微生物群落的显著相关性发生改变。

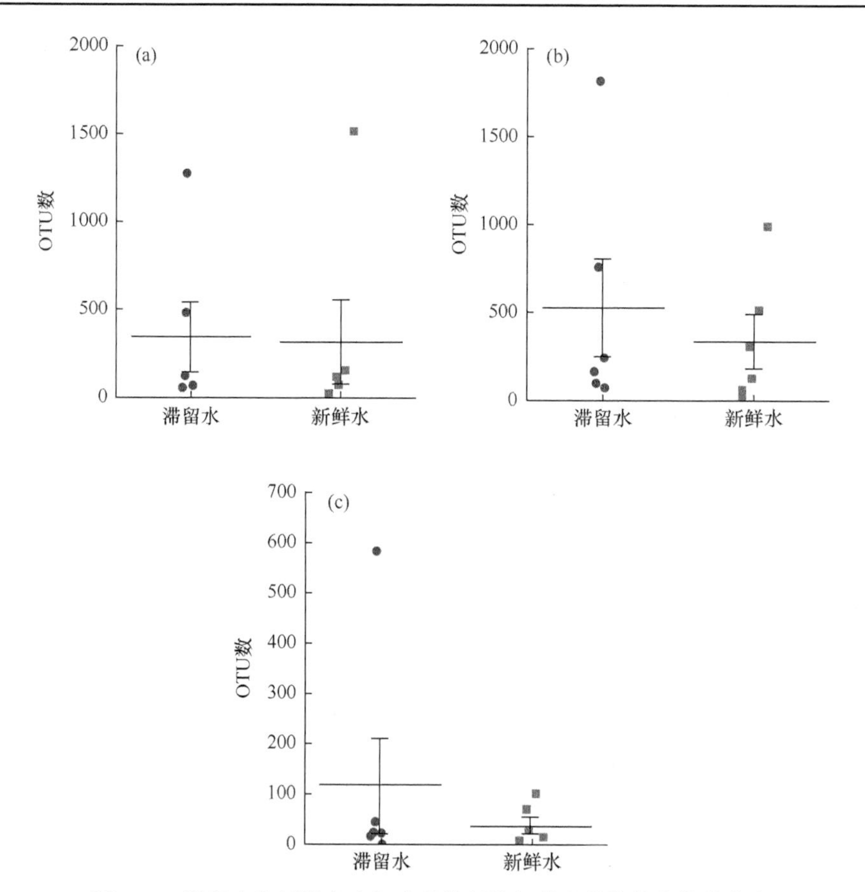

图 3.13　滞留水和新鲜水中与硫酸盐氧化细菌有关的特定物种分布

(a) Acetobacteraceae；(b) Hyphomicrobiaceae；(c) Rhodobacteraceae；长条表示 25 和 75 百分位；长线表示平均水平 ($n = 6$)

3.7　本 章 小 结

(1) 在室内供暖期间，饮用水的化学参数有着非常大的变化，显示出水质的恶化。细胞总数、ATP 浓度及细菌群落代谢能力在滞留之后均有明显升高($P <$ 0.001)。

(2) 二次供水的水质状况并不乐观，高层建筑的给水设计应制订得更好，通过铸铁管道来输送饮用水并非明智之举。

(3) 滞留水中的微生物群落较复杂。滞留水未经处理时，室内供暖产生的热量可导致水中致病菌的致病风险显著增加，这是因为滞留水中 OPPP 明显增多。

(4) 温度和SO_4^{2-}浓度与室内供水管道微生物群落的相关性很强。

(5) 将 FCM、BIOLOG 技术、ATP 检测和 DNA 测序分析方法结合起来，可更加全面、详细地探究饮用水配水系统中细菌数量、代谢能力、稳定性及分布信息，可以为饮用水系统中的微生物检测提供一种比较稳定、综合、全面的分析方法体系。

参 考 文 献

刘扬阳, 李星, 杨艳玲, 等, 2016. 长距离输水管道水质变化及管壁生物膜净水效能研究进展[J]. 中国给水排水, 32(2): 19-23.

ALIZADEH FARD M, BARKDOLL BRIAN D, 2018. Stagnation reduction in drinking water storage tanks through internal piping with implications for water quality improvement[J]. Journal of Hydraulic Engineering, 144(5): 05018004.

BERRY D, XI C, RASKIN L, 2006. Microbial ecology of drinking water distribution systems[J]. Current Opinion in Biotechnology, 17(3): 297-302.

BESTER E, WOLFAARDT G M, AZNAVEH N B, et al., 2013. Biofilms' role in planktonic cell proliferation[J]. International Journal of Molecular Sciences, 14(11): 21965-21982.

CHAN S, PULLERITS K, KEUCKEN A, et al., 2019. Bacterial release from pipe biofilm in a full-scale drinking water distribution system[J]. NPJ Biofilms Microbiomes, 5(9): 1-8.

CLASSEN A T, BOYLE S I, HASKINS K E, et al., 2003. Community-level physiological profiles of bacteria and fungi: Plate type and incubation temperature influences on contrasting soils[J]. FEMS Microbiology Ecology, 44(3): 319-328.

EL-CHAKHTOURA J, PREST E, SAIKALY P, et al., 2015. Dynamics of bacterial communities before and after distribution in a full-scale drinking water network[J]. Water Research, 74: 180-190.

EMILIE B, CÉLINE L, ERIC D, et al., 2018. Impact of stagnation and sampling volume on water microbial quality monitoring in large buildings[J]. PLoS One, 13(6): e0199429.

ERICKSON J J, SMITH C D, GOODRIDGE A, et al., 2017. Water quality effects of intermittent water supply in Arraiján, Panama[J]. Water Research, 114: 338-350.

FISHER I, KASTL G, SATHASIVAN A, 2012. A suitable model of combined effects of temperature and initial condition on chlorine bulk decay in water distribution systems[J]. Water Research, 46: 3293-3303.

GARLAND J L, MILLS A L, 1991. Classification and characterization of heterotrophic microbial communities on the basis of patterns of community-level sole-carbon-source utilization[J]. Applied and Environmental Microbiology, 57(8): 2351-2359.

GHOSH W, DAM B, 2009. Biochemistry and molecular biology of lithotrophic sulfur oxidation by taxonomically and ecologically diverse bacteria and archaea[J]. Fems Microbiology Reviews, 33(6): 999-1043.

HAMMES F, GOLDSCHMIDT F, VITAL M, et al., 2010. Measurement and interpretation of microbial adenosine tri-phosphate (ATP) in aquatic environments[J]. Water Research, 44(13): 3915-3923.

IGARASHI K, KASHIWAGI K, 2010. Modulation of cellular function by polyamines[J]. International Journal of Biochemistry and Cell Biology, 42(1): 39-51.

KERNEÏS A, NAKACHE F, DEGUIN A, et al., 1995. The effects of water residence time on the Biological quality in a distribution network[J]. Water Research, 29(7): 1719-1727.

KUMPEL E, NELSON K L, 2016. Intermittent water supply: Prevalence, practice, and microbial water quality[J].

Environmental Science and Technology, 50(2): 542-553.

LAN D, LEI M, ZHOU S, et al., 2014. Health risk assessment of heavy metals in rice grains from a mining-impacted area in south hunan by in vitro simulation method[J]. Journal of Agro-Environment Science, 33(10):1897-1903.

LAUTENSCHLAGER K, BOON N, WANG Y, et al., 2010. Overnight stagnation of drinking water in household taps induces microbial growth and changes in community composition[J]. Water Research, 44(17): 4868-4877.

LECHEVALLIER M W, WELCH N J, SMITH D B, 1996. Full-scale studies of factors related to coliform regrowth in drinking water[J]. Applied and Environmental Microbiology, 62(7): 2201-2211.

LEHTOLA M J, LAXANDER M, MIETTINEN I T, et al., 2006. The effects of changing water flow velocity on the formation of biofilms and water quality in pilot distribution system consisting of copper or polyethylene pipes[J]. Water Research, 40(11): 2151-2160.

LI N, CHEN Q, 2019. Experimental study on heat transfer characteristics of interior walls under partial-space heating mode in hot summer and cold winter zone in China[J]. Applied Thermal Engineering, 162: 114264.

LING F Q, HWANG C, LECHEVALLIER M W, et al., 2016. Core-satellite populations and seasonality of water meter biofilms in a metropolitan drinking water distribution system[J]. The ISME Journal, 10(3): 582-595.

LING F Q, WHITAKER R, LECHEVALLIER M W, et al., 2018. Drinking water microbiome assembly induced by water stagnation[J]. The ISME Journal, 12: 1520-1531.

LIU L, XING X, HU C, et al., 2019. One-year survey of opportunistic premise plumbing pathogens and free-living amoebae in the tap-water of one northern city of China[J]. Journal of Environmental Sciences, 77: 20-31.

MADIGAN M T, MARTINKO J M, 2006. Brock Biology of Microorganisms[M]. 11th ed. Upper Saddle River: Prentice Hall.

NAUMOVA E N, LISS A, JAGAI J S, et al., 2016. Hospitalizations due to selected infections caused by opportunistic premise plumbing pathogens (OPPP) and reported drug resistance in the United States older adult population in 1991-2006[J]. Journal of Public Health Policy, 37(4): 500-513.

NGUYEN C, ELFLAND C, EDWARDS M, 2012. Impact of advanced water conservation features and new copper pipe on rapid chloramine decay and microbial regrowth[J]. Water Research, 46(3): 611-621.

JI P, PARKS J, EDWARDS M A, et al., 2015. Impact of water chemistry, pipe material and stagnation on the building plumbing microbiome[J]. PLoS One, 10(10): e0141087.

PERRIN Y, BOUCHON D, DELAFONT V, et al., 2019. Microbiome of drinking water: A full-scale spatio-temporal study to monitor water quality in the Paris distribution system[J]. Water Research, 149: 375-385.

PROCTOR C R, HAMMES F, 2015. Drinking water microBiology—From measurement to management[J]. Current Opinion in Biotechnology, 33: 87-94.

VITAL M, DIGNUM M, MAGIC-KNEZEV A, et al., 2012. Flow cytometry and adenosine tri-phosphate analysis: Alternative possibilities to evaluate major bacteriological changes in drinking water treatment and distribution systems[J]. Water Research, 46(15): 4655-4676.

WANG H, EDWARDS M A, FALKINHAM III J O, et al., 2013. Probiotic approach to pathogen control in premise plumbing systems? A review[J]. Environmental Science and Technology, 47(18): 10117-10128.

WANG H, MASTERS S, EDWARDS M A, et al., 2014. Effect of disinfectant, water age, and pipe materials on bacterial and eukaryotic community structure in drinking water biofilm[J]. Environmental Science and Technology, 48(3): 1426-1435.

WANG Z, ZHANG L, ZHAO J, et al., 2011. Thermal responses to different residential environments in Harbin[J].

Building and Environment, 46(11): 2170-2178.

YAN H, YANG L, ZHENG W, et al., 2016. Influence of outdoor temperature on the indoor environment and thermal adaptation in Chinese residential buildings during the heating season[J]. Energy and Buildings, 116: 133-140.

YANG X, HUANG T L, ZHANG H H, 2015. Effects of seasonal thermal stratification on the functional diversity and composition of the microbial community in a drinking water reservoir[J]. Water, 7(10): 5525-5546.

ZHANG H H, CHEN S N, HUANG T L, et al., 2015. Indoor heating drives water bacterial growth and community metabolic profile changes in building tap pipes during the winter season[J]. International Journal of Environmental Research and Public Health, 12(10): 13649-13661.

ZHANG K, PAN R, ZHANG T, et al., 2019. A novel method: Using an adenosine triphosphate (ATP) luminescence-based assay to rapidly assess the Biological stability of drinking water[J]. Applied Microbiology and Biotechnology, 103: 4269-4277.

ZHOU S, ZHU S, SHAO Y, et al., 2015. Characteristics of C-, N-DBPs formation from algal organic matter: Role of molecular weight fractions and impacts of pre-ozonation[J]. Water Research, 72: 381-390.

第 4 章　夏季过夜滞留诱导室内饮用水细菌增殖特征

随着生活质量的提高，饮用水安全问题涉及居民健康而备受关注。建筑室内供水管道作为供水环节的末端，是居民接触饮用水最重要的环节之一。针对饮用水管道系统水质安全已有较多研究，包括消毒副产物的危害、铁的腐蚀及细菌的再生等。饮用水中存在庞大而复杂的微生物系统。Ji 等(2015)研究了美国东部五个自来水公司安装的标准饮用水装置，检测出 3 个古菌门和 37 个细菌门，并有典型的机会致病菌(opportunistic pathogen，OPPP)被检出，如军团菌属、分枝杆菌属及假单胞菌属。在实际供水管道系统中，军团菌属、分枝杆菌属和假单胞菌属等机会致病菌的再生对居民安全产生了严重威胁(Huang et al.，2021)。国内外研究显示，温度、管材、水源水切换、长距离输水及滞留时间等因素均会对细菌再生产生影响。饮用水在管道中的滞留为细菌再生创造了条件，Ling 等(2018)对滞留造成的微生物聚集现象进行了研究，发现饮用水在起始余氯浓度为 2.0mg/L 条件下经过 6d 滞留后，细胞总数由起初的 10^3 个/mL 增殖至 7.8×10^5 个/mL。饮用水非常容易受到微生物的影响而腐败变质，人们摄入后会对健康产生威胁。同时，夏季高温和光照使藻类非常容易暴发，藻类有机物释放会造成管道有机物改变。夜间饮用水会在管道中滞留 6～8 h，这个过程不可避免。本章通过分析夏季过夜滞留驱动下管道水体水质与细菌再生的变化特征，探明水质、细菌数与细菌活性之间的偶联机制，旨在为饮用水安全提供理论依据。

4.1　采样点与研究方法概述

在陕西省西安市的四座不同规模建筑中选择了八个水龙头作为长期采样点(表 3.1)，于 6～8 月每月采集 1 次样品进行检测。所选室内管道均为铸铁管，水龙头不锈钢或铁质，均以氯气作为消毒剂。分别于 6～8 月每月 1 日对所有采样点进行采样，具体采样方法：采样前一晚封闭水龙头保证水体滞留 7h 以上，于第二日早 6:00 进行采集，缓速打开水龙头，防止样品飞溅，取过夜滞留水体 1.5L，装入无菌玻璃瓶，使用便携式 pH 计现场测定水温和 pH；随后将水龙头阀门开至最大，5min 后(约 45L)，接取饮用水 1.5L 作为新鲜水体，该新鲜水体即为管道中的日常水体。将收集好的饮用水于 1h 内运往实验室保存于 4℃冰箱，进行后续化学参数等分析。

温度、pH、亚硝氮 ($NO_2^- - N$) 浓度、硫酸根离子 (SO_4^{2-}) 浓度、总铁浓度、总有机碳浓度、自由性余氯浓度和总余氯浓度的测定方法见 3.2.1 小节。

1) 细胞总数

采用异养平板计数(HPC)法和琼脂培养基(CM170)对样品菌落计数并进行检测。取样后，在 4h 内完成接种，取 0.2mL 样品均匀涂布在固体琼脂培养基上，设置恒温培养箱温度为 38℃，培养 72h，培养完成后计数。

流式细胞仪可用于水中细胞总数(total cell count，TCC)的测定并区分高核酸(high nucleic acid，HNA)细菌与低核酸(low nucleic acid，LNA)细菌，结合特定的染料(如 SYBR 系列)来表征水中的细胞总数。将待测的均匀液体置于液流中，待测液体中的颗粒(细菌或单个细菌)依次通过仪器激发源(如 488nm 激发源)的单一通道。待测颗粒在光的影响下会发出荧光(如红光或绿光)和散射光(前向散射光和侧向散射光)，这是因为它们本身的荧光特性或与荧光物质特定结合。散射光的强度和空间分布反映了细胞的物理状态(如大小、形态等)，相关的荧光则反映了细胞的特异性属性。

采集完毕，冰箱温度设定为 4℃，于 1h 内放入样品保存，并在 4h 内进行检测。在金属浴中放入水样，利用在无水二甲基亚砜中稀释了 100 倍的 10μL/mL SYBR Green Ⅰ，于黑暗条件下、30℃染色 20min。分析前，将样品用纯水稀释至原液的 20%以确保细菌和背景的充分分离，所有的样品共设置 3 个平行样($n = 3$)。用流式细胞仪 CyFlow-SL 装置和 30mW 固体激光(488nm)进行检测，FL1(500nm)通道进行绿色荧光信号采集。

流式细胞仪的操作参数：流式细胞术的系统误差一般控制在 5%以下；用超纯水清洗针头，维持注射速率小于 10 次/s，当处于 30μL/s 的中速时开始细胞计数；所有样品使用相同的 FL1 信号阈值来评估 LNA 细菌和 HNA 细菌。

2) 三磷酸腺苷的测定

将水样(500μL)和 ATP(50μL)试剂分别放在无菌尖底离心管中，分别在金属浴锅 38℃条件下加热 10min 和 2min；将两者混合并加热 20s，随后测量其发光值，用相对光单位的形式表示，并通过用已知 ATP 标准建立的标准曲线转换为 ATP 浓度。通过上述操作测量每个样品的游离 ATP 浓度，用每个样品的总 ATP 浓度减去游离 ATP 浓度，得到胞内 ATP 浓度，平行测定 3 次($n = 3$)。

4.2　水质化学参数变化

1. 温度变化规律

6～8 月采样地室外最高气温和最低气温如图 4.1 所示。6 月、7 月、8 月室外气温最大跨度分别为 22～39℃、24～40℃、25～37℃，最小跨度分别为 16～22℃、18～25℃、15～24℃。6～8 月滞留水的平均温度为 23.0℃、24.4℃、29.3℃，新鲜水的平均温度分别为 18.5℃、20.6℃、21.3℃(图 4.2)。三次取样滞留水与新鲜水平均温差分别为 4.5℃、3.8℃、8.0℃。过夜滞留后水温显著升高，温差均随时间推移而增加。Moerman 等(2014)建立了室内饮用水温度模型，验证了管网中的饮用水进入室内环境后会与周围空气发生热平衡，饮用水被加热到室温的速率为 0.1℃/min。

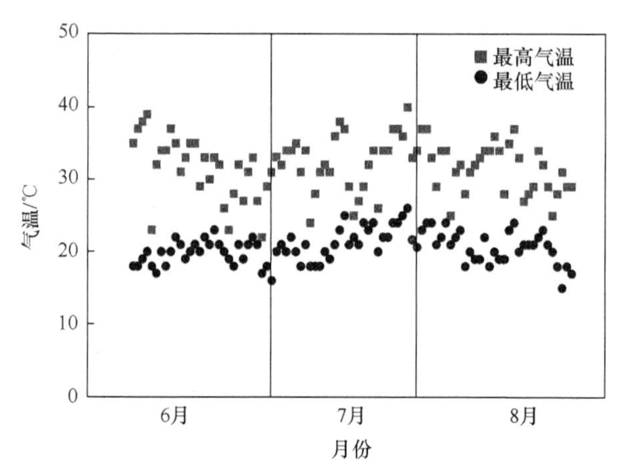

图 4.1　6～8 月采样地室外最高气温与最低气温变化趋势

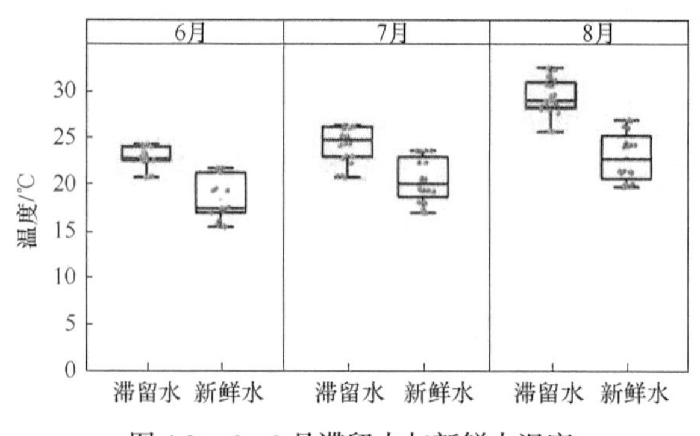

图 4.2　6～8 月滞留水与新鲜水温度

2. pH 变化规律

6 月、7 月、8 月滞留水的平均 pH 分别为 7.60、7.38、7.32，新鲜水的平均 pH 分别为 7.63、7.43、7.41，符合我国《生活饮用水卫生标准》(GB 5749—2022)限值(6.5～9.5)(图 4.3)。加氯饮用水供水系统中会发生如下反应：

$$Cl_2+H_2O \rightleftharpoons HClO+HCl \tag{4.1}$$

$$HClO \rightleftharpoons H^+ +ClO^- \tag{4.2}$$

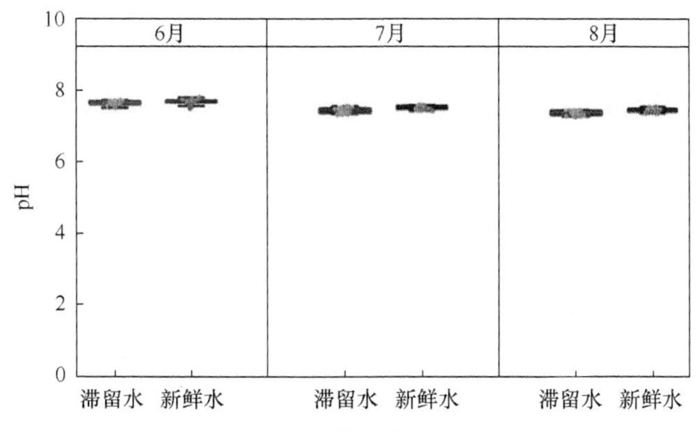

图 4.3　6～8 月滞留水与新鲜水 pH

选取的采样点为以氯气为消毒剂的铸铁室内管道系统，氯气溶于水产生次氯酸和氯化氢，次氯酸在滞留过程中衰减产生 ClO^-和 H^+。pH 略有降低可能是因为水体在滞留期间余氯衰减，反应向右进行，氢离子浓度增加。pH 受消毒剂种类和管道材质等多种因素的影响。Liu 等(2017a)对供水管网中铁释放与水质关系的研究表明，铸铁供水管道中水体在滞留 18h 后 pH 由 7.10 增至 8.08，并指出在流动条件下 pH 虽略有升高，但并不明显。该结论与本节结果存在差异，原因可能是管道与空气接触发生吸氧腐蚀，阴极产生 OH^-，使水体 pH 升高(姜峥嵘，2021)。另外，pH 降低破坏了 Fe 的稳定性，增加了 Fe 释放的风险。pH 对机会致病菌和其他细菌的存在水平影响明显，较低的 pH 会促进细菌生长(杨文畅等，2021)。

3. 余氯浓度变化规律

6～8 月各采样点的自由性余氯浓度经过一夜滞留均显著性降低($P > 0.001$)，滞留水 6 月、7 月、8 月自由性余氯浓度分别为 0.11mg/L、0.05mg/L、0.05mg/L，新鲜水自由性余氯浓度分别为 0.24mg/L、0.11mg/L、0.09mg/L，降低比例为 45.45%～54.16%，7 月、8 月的部分采样点自由性余氯浓度已低于我国《生活饮用水卫生标准》(GB 5749—2022)限值(0.05 mg/L)(图 4.4)。

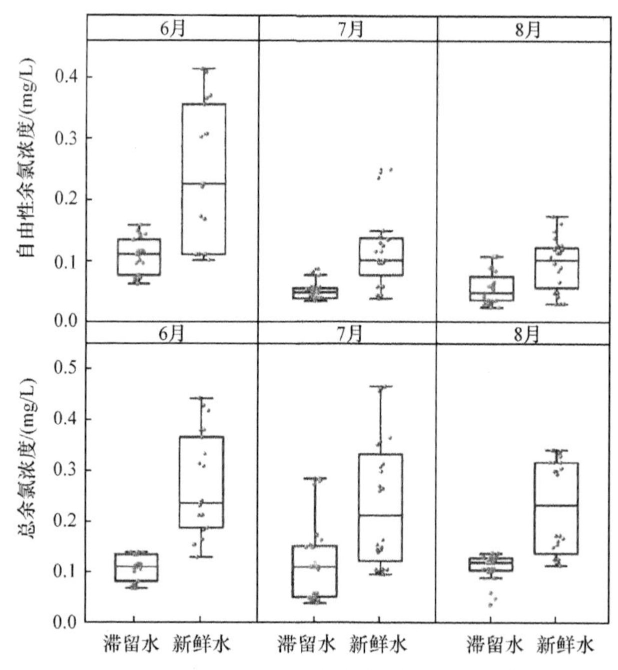

图 4.4　夏季滞留水与新鲜水余氯浓度

(a) 自由性余氯浓度；(b) 总余氯浓度

总余氯浓度随夏季升温在滞留期间显著降低($P < 0.001$)，6 月、7 月、8 月滞留水总余氯浓度分别为 0.11mg/L、0.12mg/L、0.11mg/L，新鲜水总余氯浓度分别为 0.27mg/L、0.23mg/L、0.23mg/L。滞留管道总余氯浓度保持在 0.11～0.12mg/L。有报道指出，温度、pH、滞留时间和 TOC 浓度都会对余氯浓度产生影响。较低的 pH 和较高的温度使管道中余氯的衰减速率加快，水中的余氯衰减与自来水中的生物体、天然有机物和溶解性无机物有关，管壁的余氯衰减与管壁的生物膜、沉淀和管材自身反应有关。由于微生物和有机物的入侵，在滞留状态下，余氯会随着时间推移而衰减，因此应重视滞留引起的余氯衰减问题。

4. 亚硝氮浓度变化规律

滞留水在 6 月仅有两个采样点中检出 NO_2^--N，7 月、8 月有 4 个采样点检出，6～8 月滞留水体中 NO_2^--N 浓度变化范围分别为 0～0.006mg/L、0～0.009mg/L 和 0～0.012 mg/L，新鲜水体中的 NO_2^--N 浓度普遍低于检出限(图 4.5)。余健等(2009)研究发现，30℃条件下 NO_2^--N 积累最为明显，由此推测亚硝氮在水中的积累可能与水温有关。

经过一夜滞留，微生物在水中大量繁殖，一些功能性微生物可以将蛋白质分解成氨氮，氨氮被硝化细菌分解成硝酸盐和亚硝酸盐；同时，释放出硝酸盐还原酶，作用于硝酸盐将其还原成亚硝酸盐，促进亚硝酸盐的积累。亚硝酸盐具有致癌性，会对人体健康产生严重影响。因此，要加强关注供水管道中亚硝氮的积累。

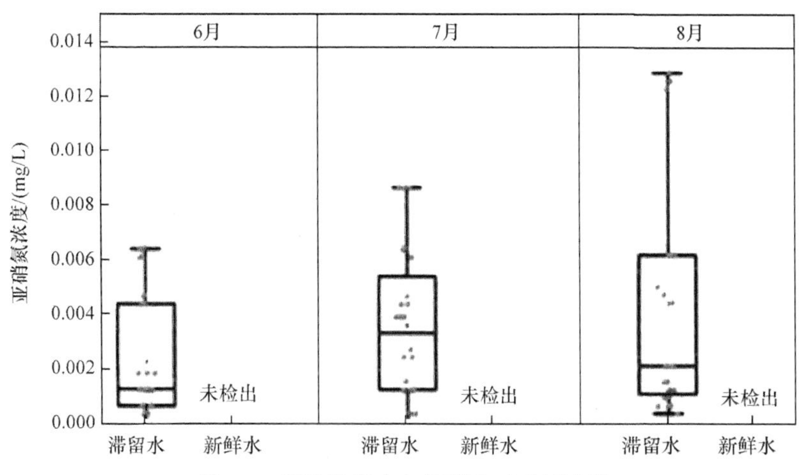

图 4.5 夏季滞留水与新鲜水亚硝氮浓度

5. 总铁浓度变化规律

铁在饮用水中的存在形式包括金属铁、$Fe(OH)_3$胶体、Fe^{2+}和Fe^{3+}。一般规定，能通过 0.45μm 滤膜的铁为溶解铁，不能通过的为悬浮铁，悬浮铁包括氧化铁和氢氧化铁，溶解铁为Fe^{2+}和Fe^{3+}。研究表明，由于水中 Fe 的存在，细菌繁殖变得更容易，而自来水消毒剂对铁细菌杀灭效果不强，因此在总铁浓度较高的自来水环境中，铁细菌容易大量繁殖，使水体更加浑浊。当总铁浓度大于 0.3mg/L 时，可能会出现“黄水”现象；当总铁浓度大于 1mg/L 时，水体会散发出铁腥味，甚至会发黑、发红。夏季自然升温过程中滞留水与新鲜水总铁浓度如图 4.6 所示，平均值分别为0.07mg/L和0.03mg/L、0.21mg/L和0.08mg/L、0.21mg/L和0.03mg/L，滞留后总铁浓度分别增长为滞留前的2.09倍、2.60倍和6.04倍。除6月($P>0.05$)外，7月、8月室内管道水滞留前后总铁浓度均有显著差异($P<0.05$)。6月所采样品均未超过《生活饮用水卫生标准》(GB 5749—2022)规定的总铁浓度(0.3 mg/L)，7月、8月分别有 2 个样品超过国家标准，Fe 在管道中的稳定性受到多种因素的影响，包括Cl^-浓度、SO_4^{2-}浓度、溶解性有机物(dissolved organic matter，DOM)和 pH(Liu et al.，2017b)。其中，较低的 pH 和高浓度Cl^-、SO_4^{2-}破坏供水管道中 Fe 的稳定，DOM 可以将$Fe(OH)_3$胶体还原为可溶的Fe^{2+}。为了进一步探究滞留期间 Fe 释放的影响因素，对SO_4^{2-}浓度和 TOC 浓度进行检测。

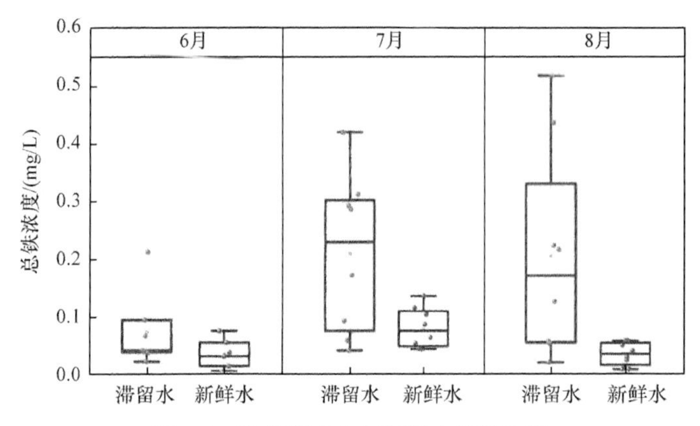

图 4.6　夏季滞留水与新鲜水总铁浓度

6. SO_4^{2-} 浓度变化规律

夏季自然升温期SO_4^{2-}浓度如图 4.7 所示，新鲜水 6～8 月的SO_4^{2-}平均浓度分别为 13.69mg/L、13.76mg/L、10.04mg/L，滞留水平均SO_4^{2-}浓度分别为 14.44mg/L、15.09mg/L、11.59mg/L，6 月SO_4^{2-}浓度滞留前后差异不大($P > 0.05$)，7 月、8 月滞留水SO_4^{2-}浓度显著升高($P < 0.05$)，这与 Fe 释放呈现良好的相关关系。有研究显示，当SO_4^{2-}浓度> 50mg/L 时，SO_4^{2-}可促进 Fe 的释放。饮用水中的硫酸盐大多来自原水，少量来自水处理药剂，供水管道中存在醋杆菌科(Acetobacteraceae)、生丝微菌科(HypHomicrobiaceae)和红杆菌科(Rhodobacteraceae)，这些细菌可以在有氧条件下将硫化物氧化为硫酸盐。在滞留状态下，低浓度SO_4^{2-}也有可能会促进供水管道中 Fe 的释放。SO_4^{2-}可以作为硫酸盐还原菌的营养物质，通过还原作用生成的 S^{2-}与金属阳极产生的 Fe^{2+}结合生成 FeS 沉淀，促进金属的腐蚀。

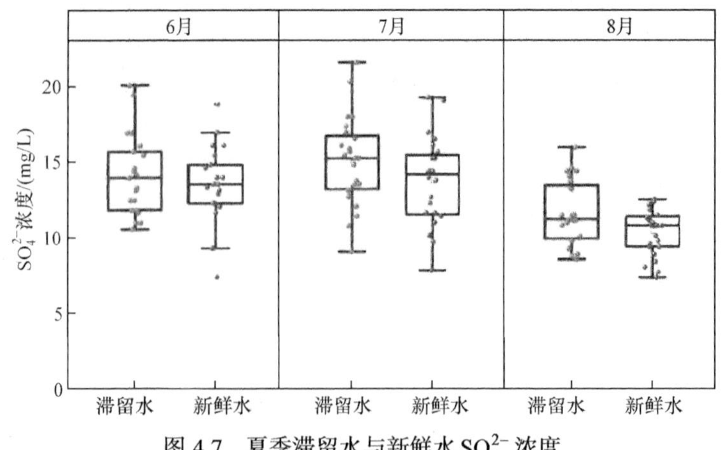

图 4.7　夏季滞留水与新鲜水 SO_4^{2-} 浓度

7. 总有机碳浓度变化规律

6～8 月新鲜水 TOC 平均浓度分别为 1.41mg/L、1.99mg/L 和 3.51mg/L，滞留水 TOC 平均浓度分别为 1.31mg/L、1.91mg/L 和 1.98mg/L，水体滞留前后 TOC 浓度无显著性差异($P>0.05$)(图 4.8)。TOC 浓度在 6～8 月呈升高趋势($P<0.01$)，可能是温度升高和光照增强促进藻类生长，水源水库中藻类暴发。由于藻类暴发具有时间短、暴发快等特点，在此期间，高负荷运转的水厂往往不能将藻类完全去除，且经过混凝、沉淀、过滤、消毒等工艺后，会造成藻细胞破碎，释放藻源有机物，促使水体中 TOC 浓度升高，并作为消毒副产物(disinfection by-products，DBP)的前体物，增加饮用水安全风险。另外，细菌的生长和繁殖受到有机物浓度和种类的影响(Prest et al.，2016)。据报道，饮用水系统中生物的可同化有机碳(assimilable organic carbon，AOC)占总有机碳的 0.1%～8.5%，AOC 为细菌的再生提供营养物质(Pick et al.，2019)。伴随着夏季高温及长时间滞留，水体中有害病原菌易繁殖(Zlatanović et al.，2017)。同时，有机物的存在增加了控制细菌所需的游离氯。以上表明，应该对夏季高 TOC 浓度条件下的饮用水安全予以高度重视。

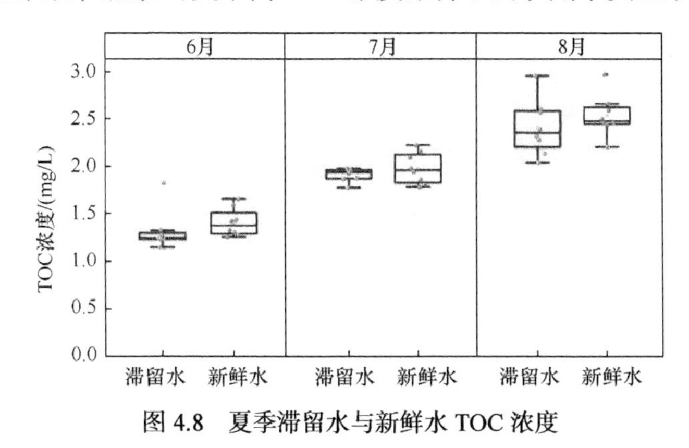

图 4.8　夏季滞留水与新鲜水 TOC 浓度

4.3　细菌数变化规律

微生物数量是评价饮用水水质安全的重要指标之一，采用流式细胞仪对夏季滞留前后饮用水细菌细胞总数进行测定，结果如图 4.9 所示。6～8 月新鲜水平均细胞总数分别为 0.91×10^5 个/mL、0.68×10^5 个/mL 和 1.21×10^5 个/mL，滞留水平均细胞总数分别为 1.41×10^5 个/mL、1.23×10^5 个/mL 和 2.82×10^5 个/mL，滞留之后细菌细胞总数分别增长为滞留前的 1.55 倍、1.81 倍和 2.33 倍。

细菌增殖倍数随着高温期的推移逐渐增加，8 月供水管道滞留水与新鲜水中细胞数处于较高水平，说明夏季高温期室内供水管道水体细菌大量增殖。这与

Zlatanović 等(2017)的研究结果一致，其通过对不同种类管道中不同滞留时间的水体进行研究，发现滞留水中的细菌数量主要是由温度驱动的。Zhang 等(2021a)通过研究饮用水管中新鲜水和滞留水的细菌数量、细菌活性和种群结构，验证了夏季饮用水管中新鲜水和滞留水的细菌数量和活性高于其他季节，而且温度与细菌数量和活性显著正相关。值得注意的是，细菌种群结构的最高丰度出现在春季，而不是夏季，这可能是高温导致微生物多样性减少。

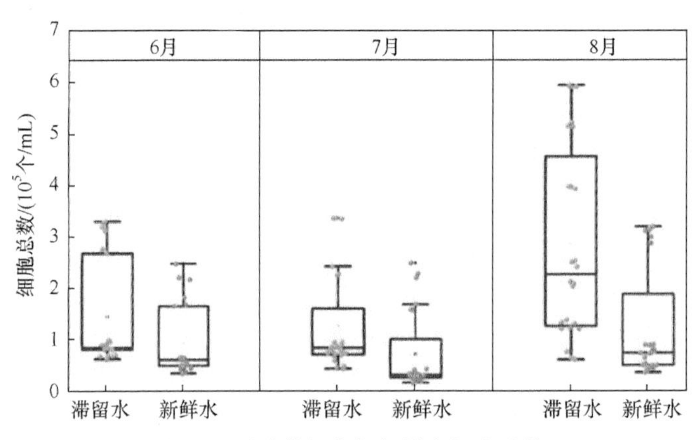

图 4.9 夏季滞留水与新鲜水细胞总数

另外，使用期限较长的管道中会形成生物膜和沉积物积累，生物膜和沉积物中附着了大量的微生物，滞留期间这些微生物向饮用水中释放也会造成滞留水体中细菌数增加(Liu et al.，2017c)。Roeder 等(2010)分别模拟了游离氯、二氧化氯、过氧化氢及过氧乙酸饮用水消毒系统对管道生物膜中细菌的灭活效果，结果显示，不同消毒剂对管道中微生物种群的分布有影响，受消毒剂的类型和浓度控制。在过氧化氢处理前后，生物膜的细菌种群结构相似，过氧乙酸处理前后生物膜的细菌种群结构也相似。饮用水系统中的常见管道包括镀锌钢管、钢管、铸铁管和聚乙烯管，管材主要影响管道中的腐蚀行为、结垢和生物膜基质。(Liu et al.，2017b)。管材是影响饮用水与生物膜中病原菌和微生物群落培养能力的重要因素，Learbuch 等(2021)的研究表明，军团菌属(*Legionella*)、分枝杆菌属(*Mycobacterium*)、假单胞菌属(*Pseudomonas*)、气单胞菌属(*Aeromonas*)和棘阿米巴属(*Acanthamoeba*)的 OTU 数往往呈现 PVC 管和 PE 管高于玻璃和铜管的规律。饮用水在管道中的滞留是不可避免的，滞留导致管道中的游离氯消散，且细菌细胞总数和细菌多样性也随着滞留时间的延长而增加。

研究表明，细菌数与机会致病菌数呈显著正相关关系，正常菌群之间会相互制约，如通过营养竞争、代谢产物等方式，与宿主、菌群之间保持良好的生态平衡，构成了人体的正常菌群。若在一定条件下这种平衡关系被打破，原来不致病的细菌可成为致病菌，称这类细菌为机会致病菌。滞留诱发的细菌增殖大大增加了机会致病菌的数量，滞留后军团菌属(*Legionella*)、分枝杆菌属(*Mycobacterium*)、鸟分枝杆菌(*Mycobacteria avium*)、铜绿假单胞菌(*Pseudomonas aeruginosa*)和棘阿米巴属(*Acanthamoeba*)等机会致病菌丰度增加，威胁饮用水水质的安全 (Moerman et al.，2014)。

值得注意的是，各月份细菌数量出现 6 个异常点，滞留水和新鲜水平均浓度分别为 3.02×10^5 个/mL 和 1.97×10^5 个/mL、2.80×10^5 个/mL 和 1.94×10^5 个/mL、4.54×10^5 个/mL 和 3.04×10^5 个/mL，均处于较高的水平。这可能是由于该采样点的供水方式属于二次供水。二次供水是指单位或个人将城市公共供水或自建设施供水经储存、加压，通过管道再供用户或自用的形式。研究表明，二次供水具有滞留时间长、余氯少的特点，极易造成金属浸出和沉积物积累，其微生物安全风险高于集中供水，且二次供水系统中微生物的再生潜力在夏季更为明显。二次供水极易造成二次污染，近年来病菌、重金属等问题造成的水污染事件屡见不鲜。2021 年 1 月 16 日，上海市某小区二次供水管道破裂造成居民腹痛、呕吐等。Hu 等(2021)对我国东南部某大型城市 12 个居民小区二次供水点进行采样并检测，结果显示二次供水系统中军团菌属(*Legionella*)丰度显著增加，同时在水箱中检测出肠球菌属(*Enterococcus*)、棘阿米巴属(*Acanthamoeba*)等潜在病原微生物。Li 等(2018)同样发现，在二次供水系统中，储水箱会诱导饮用水中微生物种群结构发生改变，在储水箱及后续管道中检测出嗜肺军团菌(*Legionella pneumomhila*)、棘阿米巴属(*Acanthamoeba*)等致病微生物的基因。因此，为了确保饮用水的安全，应充分注意控制夏季高温时管道中饮用水的总体细菌数量。

流式细胞仪的计数结果如图 4.10 所示，虚线框内显示的是细胞总数的范围。图 4.10(a)和(b)分别为集中供水系统滞留水和新鲜水的流式细胞仪计数结果，图 4.10(c)和(d)分别为二次供水系统滞留水和新鲜水的流式细胞仪计数结果，由图可知，滞留水的细胞总数明显高于新鲜水，二次供水的细胞总数明显高于集中供水。

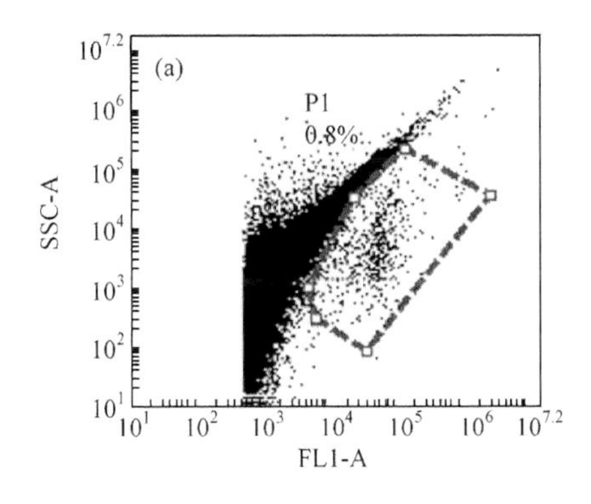

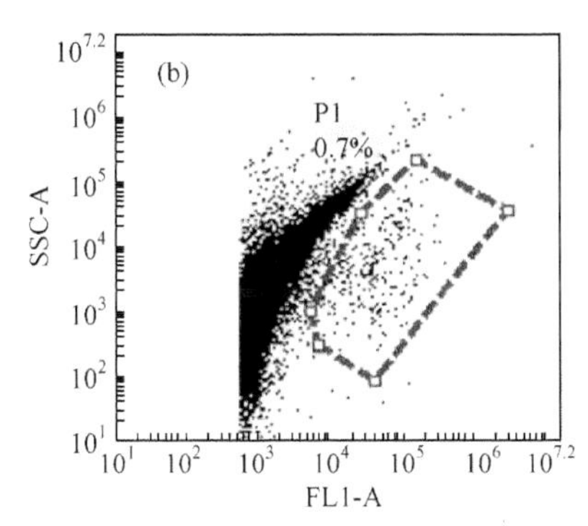

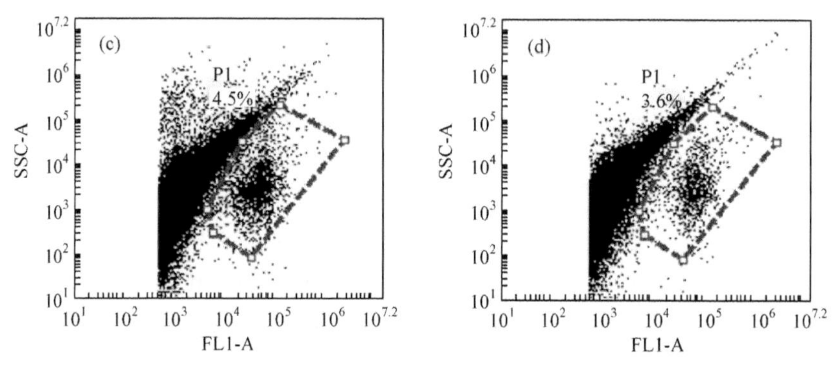

图 4.10　夏季滞留水与新鲜水流式细胞仪计数结果

(a) 集中供水滞留水；(b) 集中供水新鲜水；(c) 二次供水滞留水；(d) 二次供水新鲜水

4.4　生物活性的演替规律

夏季 ATP 浓度变化规律如图 4.11 所示。6～8 月新鲜水平均总 ATP 浓度分别为 3.67×10^{-12}gATP/mL、1.19×10^{-12}gATP/mL 和 4.96×10^{-12}gATP/mL，滞留水平均总 ATP 浓度分别为 7.97×10^{-12}gATP/mL、3.91×10^{-12}gATP/mL 和 12.80×10^{-12}gATP/mL，滞留之后各个采样点细菌总 ATP 浓度均显著增加($P<0.001$)，分别增长为滞留前的 2.17 倍、3.28 倍和 2.58 倍，且 8 月总 ATP 浓度显著高于 6 月、7 月。另外，利用

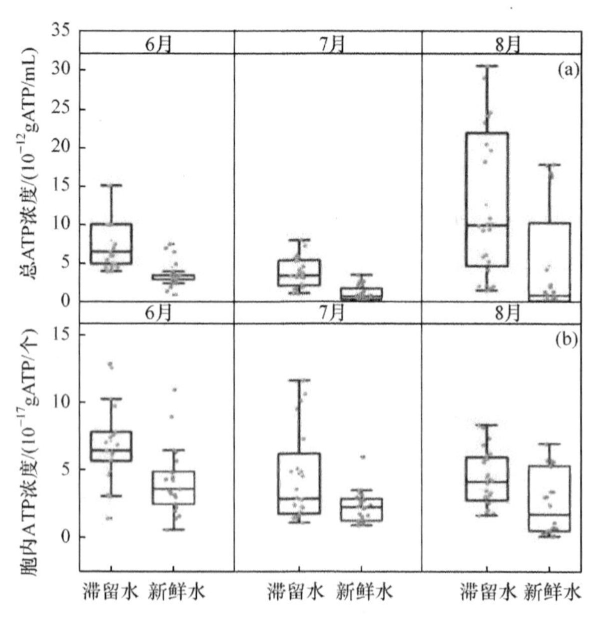

图 4.11　夏季滞留水与新鲜水 ATP 浓度

(a) 总 ATP 浓度；(b) 胞内 ATP 浓度

细菌胞内 ATP 浓度与细胞总数，计算出每个细胞胞内 ATP 浓度，结果如图 4.11 所示。6～8 月新鲜水体中平均胞内 ATP 浓度分别为 4.25×10^{-17}gATP/个、2.35×10^{-17}gATP/个和 2.62×10^{-17}gATP/个，而滞留水体中平均胞内 ATP 浓度分别为 7.15×10^{-17}gATP/个、4.74×10^{-17}gATP/个和 4.48×10^{-17} gATP/个，分别增长为滞留前的 1.68 倍、2.02 倍和 1.71 倍。细菌胞内 ATP 浓度增加反映了细菌代谢活性及细菌繁殖能力的增强。6～8 月胞内 ATP 浓度差异不显著($P > 0.05$)，可能是因为在该温度范围内细菌处于较稳定的状态。滞留之后总 ATP 浓度和胞内 ATP 浓度显著升高，这主要是因为细胞总数增加。Ahmad 等(2021)证实了温度与细菌数呈正相关关系，较高的温度在诱导细菌增殖的同时也会刺激细菌 ATP 的增加。Zlatanović 等(2017)研究发现，夏季新鲜水总 ATP 浓度为 5×10^{-12}g/mL，滞留 96h 之后细菌总 ATP 浓度增长了两倍。本节结果表明，夏季过夜滞留会造成室内管道饮用水中细菌活性的增强。

FCM 可以根据细胞所含核酸数量将细菌分为两类：高核酸(high nucleic acid, HNA)细菌和低核酸(low nucleic acid, LNA)细菌(Longnecker et al.，2005)。先前的研究认为 LNA 细菌不具有活性(Bouvier et al.，2007)，也有研究表明，LNA 细菌不仅具有活性，而且具有特别的膜结构和蛋白质代谢抗性机制，使其能够对抗外部不利环境的影响，如低营养环境(Salcher et al.，2011)，HNA 细菌则不能。在管道饮用水环境中，由于营养物质匮乏，存在大量 LNA 细菌。Ahmad 等(2021)研究发现，在 DWDS 中由于热能回收引起的温度升高导致出水中细菌 ATP 浓度升高 6 倍，HNA 细菌数量增加 2 倍。

LNA 细菌可以采取休眠策略来应对不利环境(Bouvier et al.，2007)。LNA 细菌在低营养环境中比 HNA 细菌具有更高的生存竞争力，进而成为环境中的优势菌。Gabrielli 等(2021)也发现夜间 LNA 细菌占比普遍下降，这可能是因为高营养利用有利于 HNA 细菌的生长，或会促进 LNA 细菌向 HNA 细菌的转变。

除了 HNA 细菌/LNA 细菌与 ATP 浓度之间的关系外，Wang 等(2010)还发现 HNA 细菌数量的增加可能与 ATP 浓度大幅增加有关。LNA 细菌的变化可能是因为滞留水样中 ATP 浓度略有增加。这一结论与 Liu 等(2013)的研究一致，他们认为 HNA 细菌的细胞较大，HNA 细菌胞内 ATP 浓度比 LNA 细菌高 10 倍。

胞内 ATP 浓度为饮用水中微生物稳定性的一个重要指标，可受多种因素影响，不同细菌的胞内 ATP 浓度有明显差异。研究表明，在夏季自然升温期间，胞内 ATP 浓度没有明显变化，可能是因为细菌在这个温度范围内处于稳定状态。相反，总 ATP 浓度随着温度的升高而显著增加。如图 4.12 所示，总 ATP 浓度的增加主要是由于细胞总数(生物量)的增加，而细胞总数主要受温度影响，因此温度是本章影响 ATP 浓度的主要因素。

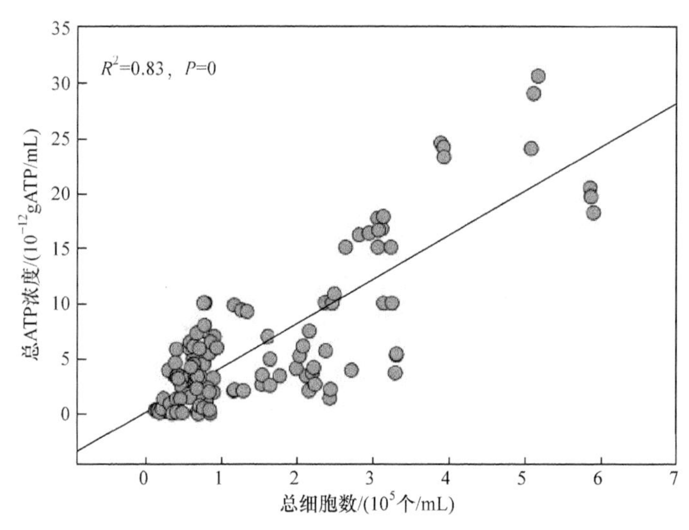

图 4.12　室内供水管道滞留水与新鲜水中细菌总 ATP 浓度演替规律相关性

4.5　水质与生物量的相关性分析

结构方程模型(structural equation modeling，SEM)是一种对多变量关系进行建模的方法，以便建立可能包括显性变量或不可观察的潜在变量的统计模型。它可以替代多元回归、横断面分析、因子分析、协方差分析等，清晰分析单项指标对总体的作用和单项指标间的相互关系。结构方程模型通常被用于解析环境因子、微细菌数、细菌种群结构、细菌活性、碳源代谢能力和基因丰度等多因子的直接与间接关系(Zhang et al.，2021b)。利用结构方程模型对滞留水和新鲜水水质与生物量相关性分别进行讨论，划分为五个模块，分别为温度、金属(Fe)、环境因子(总余氯、自由性余氯、NO_2^--N、SO_4^{2-} 和 TOC)、细菌活性(总 ATP 浓度和胞内 ATP 浓度)和细菌数，结果如图 4.13 所示。温度在滞留水和新鲜水环境中同为最重要的影响因素。在新鲜水中，温度对细菌数(std. coeff = 0.44，P<0.001)和细菌活性(std. coeff = 0.169)均有正向影响，而在滞留水中温度对细菌数(std. coeff=0.994，P<0.001)和细菌活性(std. coeff=0.823，P<0.001)的影响更加强烈。在新鲜水与滞留水中，温度对其他环境因子都呈现较强的负相关，这可能是因为较高的温度促进了氯的消散，同时也通过促进细菌增殖间接导致 TOC 的衰减。另外，金属的影响在新鲜水和滞留水中存在差异。新鲜水中金属浓度对细菌数(std. coeff= –0.161)呈现负相关，而经过滞留之后，金属浓度对细菌数量呈正相关(std. coeff= 0.339，P<0.05)(图 4.13)。

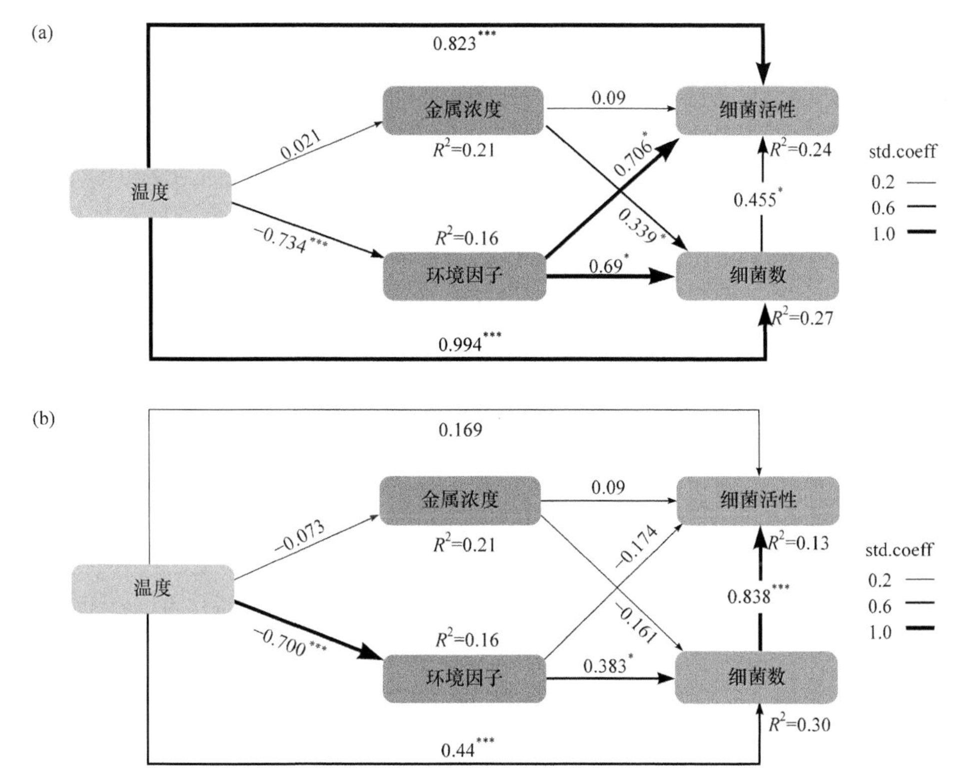

图 4.13　室内供水管道滞留水体与新鲜水体中水质参数结构方程模型

(a) 6～8 月滞留水结构方程模型；(b) 6～8 月新鲜水结构方程模型；std.coeff 为路径系数；*表示 $P<0.05$；***表示 $P<0.001$

在新鲜水中，细菌数对细菌活性相关作用最大(std. coeff = 0.838，$P<0.001$)，经过滞留之后细菌数对细菌活性相关性反而降低(std. coeff = 0.455，$P<0.05$)，这可能是因为滞留期间高核酸细菌在室内管道环境中大量再生(Farhat et al.，2020；Zlatanović et al.，2017；Lautenschlager et al.，2010)。基于细胞荧光特性(FL1)和侧散射光(SSC)的不同，利用流式细胞技术可以将细菌分成 HNA 细菌和 LNA 细菌。Wang 等(2009)研究表明，HNA 细菌胞内 ATP 浓度为 15.5×10^{-17}gATP/个，而 LNA 细菌胞内 ATP 浓度为 1.2×10^{-17}～3.2×10^{-17}gATP/个。Zlatanović 等(2017)揭示了 HNA 细菌群落变化及细菌数目增加可能是夏季实验滞留样品中 ATP 浓度升高的原因之一。Liu 等(2013)的研究同样指出，当总 ATP 浓度大于 3×10^{-12}gATP/mL 时，细胞总数与总 ATP 浓度存在相关性，HNA 细菌数量增加可能与水体总 ATP 浓度增加有关。饮用水在管网系统的输送和滞留过程中，HNA 细菌细胞数及 HNA 细菌细胞数占细胞总数的比例均增大，进而引起细菌平均胞内 ATP 浓度的增加(Farhat et al.，2020；Lautenschlager et al.，2010)。胞内 ATP 浓度及细胞总数共同作用于总 ATP 浓度，这可能造成滞留之后细胞总数对 ATP 浓度贡献降低。

4.6 本章小结

(1) 在夏季升温期，室内供水管道滞留水相较于新鲜水而言，温度呈上升趋势，6～8 月滞留后水温分别增加 4.5℃、3.8℃和 6.3℃；pH 基本维持在 7～8，符合我国《生活饮用水卫生标准》(GB 5749—2022)，变化不明显；自由性余氯浓度显著降低，部分采样点低于标准，提示我们应重视滞留造成的余氯衰减问题；新鲜水中亚硝氮浓度普遍低于检出限，而滞留后的水中亚硝氮浓度分别增加了 6.15 倍、5.93 倍和 29.75 倍，推测可能与温度上升有关；总铁浓度在滞留后也显著上升，其中 8 月增长最大；滞留后，7 月、8 月 SO_4^{2-} 浓度上升，与 Fe 释放呈现良好的相关性关系；TOC 浓度维持在 1.31～2.51mg/L，且逐渐增加。

(2) 滞留之后细菌细胞总数分别增长为滞留前的 1.55 倍、1.81 倍和 2.33 倍，二次供水采样点水体中的细菌数要高于集中供水处。细菌数为评价饮用水安全的重要指标，二次供水在滞留后诱发的微生物风险要高于集中供水。6～8 月滞留水中总 ATP 浓度显著高于新鲜水，8 月增长最明显，总 ATP 浓度与细胞总数呈正相关。ATP 浓度是细菌代谢活性和繁殖能力的体现，因此夏季过夜滞留会造成室内管道饮用水中细菌活性的增强。

(3) 温度是影响最大的环境因子，在滞留水中的正向影响更强烈，温度升高会加速余氯的衰减和 TOC 的消耗；滞留前，金属浓度对细菌数(std. coeff= −0.161)呈负相关，滞留后则相反；新鲜水中细菌数对细菌活性(std. coeff=0.838，$P<0.01$)相关作用最大，经过滞留之后细菌数对细菌活性(std. coeff=0.455，$P<0.05$)相关性反而减弱。

参考文献

姜峥嵘, 2021. 管道内腐蚀机理研究[J]. 腐蚀研究, 35(10): 162-166.

杨文畅, 李伟英, 黄圣洁, 等, 2021. 宾馆建筑热水系统内军团菌的存在水平及归趋研究[J]. 中国给水排水, 37(1): 34-39.

余健, 王军, 许刚, 等, 2009. 输配水系统中硝化作用的影响因素研究[J]. 中国给水排水, 25(19): 62-64.

AHMAD J I, DIGNUM M, LIU G, et al., 2021. Changes in biofilm composition and microbial water quality in drinking water distribution systems by temperature increase induced through thermal energy recovery[J]. Environmental Research, 194: 110648.

BOUVIER T, DEL GIORGIO P A, GASOL J M, 2007. A comparative study of the cytometric characteristics of high and low nucleic-acid bacterioplankton cells from different aquatic ecosystems[J]. Environmental Microbiology, 9(8): 2050-2066.

FARHAT N, KIM L H, VROUWEBVELDER J S, 2020. Online characterization of bacterial processes in drinking water systems[J]. NPJ Clean Water, 3(1): 16.

GABRIELLI M, TUROLLA A, ANTONELLI M, 2021. Bacterial dynamics in drinking water distribution systems and flow cytometry monitoring scheme optimization[J]. Journal of Environmental Management, 286: 112151.

HU D, HONG H, RONG B, et al., 2021. A comprehensive investigation of the microbial risk of secondary water supply systems in residential neighborhoods in a large city[J]. Water Research, 205: 117690.

HUANG J G, CHEN S S, MA X, et al., 2021. Opportunistic pathogens and their health risk in four full-scale drinking water treatment and distribution systems[J]. Ecological Engineering, 160: 106134.

JI P, PARKS J, EDWARDS M A, et al., 2015. Impact of water chemistry, pipe material and stagnation on the building plumbing microbiome[J]. PLoS One, 10(10): e0141087.

LAUTENSCHLAGER K, BOON N, WANG Y Y, et al., 2010. Overnight stagnation of drinking water in household taps induces microbial growth and changes in community composition[J]. Water Research, 44(17): 4868-4877.

LEARBUCH K L G, SMIDT H, VAN DER WIELEN P, 2021. Influence of pipe materials on the microbial community in unchlorinated drinking water and biofilm[J]. Water Research, 194: 116922.

LI H, LI S, TANG W, et al., 2018. Influence of secondary water supply systems on microbial community structure and opportunistic pathogen gene markers[J]. Water Research, 136: 160-168.

LING F Q, WHITAKER R, LECHEVALLIER M W, et al., 2018. Drinking water microbiome assembly induced by water stagnation[J]. The ISME Journal, 12(6): 1520-1531.

LIU G, TAO Y, ZHANG Y, et al., 2017a. Hotspots for selected metal elements and microbes accumulation and the corresponding water quality deterioration potential in an unchlorinated drinking water distribution system[J]. Water Research, 124: 435-445.

LIU G, VAN DER MARK E J, VERBERK J Q, et al., 2013. Flow cytometry total cell counts: A field study assessing microbiological water quality and growth in unchlorinated drinking water distribution systems[J]. BioMed Research International, (8):595872.

LIU G, ZHANG Y, KNIBBE W J, et al., 2017b. Potential impacts of changing supply-water quality on drinking water distribution: A review[J]. Water Research, 116: 135-148.

LIU J Q, SHENTU H B, CHEN H Y, et al., 2017c. Change regularity of water quality parameters in leakage flow conditions and their relationship with iron release[J]. Water Research, 124: 353-362.

LONGNECKER K, SHERR B F, SHERR E B, et al., 2005. Activity and phylogenetic diversity of bacterial cells with high and low nucleic acid content and electron transport system activity in an upwelling ecosystem[J]. Applied and Environmental Microbiology, 71(12): 7737-7749.

MOERMAN A, BLOKKER M, VREEBURG J, et al., 2014. Drinking water temperature modelling in domestic systems[J]. Procedia Engineering, 89: 143-150.

PICK F C, FISH K E, BIGGES C A, et al., 2019. Application of enhanced assimilable organic carbon method across operational drinking water systems[J]. PLoS One, 14(12): e0225477.

PREST E I, HAMMES F, VAN LOOSDRECHT M C M, et al., 2016. Biological stability of drinking water: Controlling factors, methods, and challenges[J]. Front Microbiol, 7: 45.

ROEDER R S, LENA J, TARNE P, et al., 2010. Long-term effects of disinfectants on the community composition of drinking water biofilms[J]. International Journal of Hygiene and Environmental Health, 213(3): 183-189.

SALCHER M M, PERNTHALER J, POSCH T, 2011. Seasonal bloom dynamics and ecophysiology of the freshwater sister clade of SAR11 bacteria “that rule the waves” (LD12)[J]. The ISME Journal, 5(8): 1242-1252.

WANG Y Y, HAMMES F, BOON N, et al., 2009. Isolation and characterization of low nucleic acid (LNA)-content bacteria[J]. The ISME Journal, 3(8): 889-902.

WANG Y Y, HAMMES F, DE ROY K, et al., 2010. Past, present and future applications of flow cytometry in aquatic microbiology[J]. Trends in Biotechnology, 28(8): 416-424.

ZHANG H H, XU L, HUANG T L, et al., 2021a. Indoor heating triggers bacterial ecological links with tap water stagnation during winter: Novel insights into bacterial abundance, community metabolic activity and interactions[J]. Environmental Pollution, 269: 116094.

ZHANG H H, XU L, HUANG T L, et al., 2021b. Combined effects of seasonality and stagnation on tap water quality: Changes in chemical parameters, metabolic activity and co-existence in bacterial community[J]. Journal of Hazardous Materials, 403: 124018.

ZLATANOVIĆ L, VAN DER HOEK J P, VREEBURG J H G, 2017. An experimental study on the influence of water stagnation and temperature change on water quality in a full-scale domestic drinking water system[J]. Water Research, 123: 761-772.

第 5 章　过夜滞留诱导室内供水管道真菌增殖特征

5.1　饮用水中真菌研究概述

5.1.1　饮用水中真菌增殖的危害

水是生命之源，人类离不开饮用水，饮用水的安全问题逐渐成为大众关注的热点问题。国家卫生健康委员会于 2022 年 3 月 15 日发布新规定，要求所有城市的自来水满足《生活饮用水卫生标准》(GB 5749—2022)的饮用水安全指标，其中包括 5 项微生物指标：总大肠菌群、大肠埃希氏菌、菌落总数、贾第鞭毛虫和隐孢子虫，这将很大程度上减少饮用水中致病菌的传播。世界卫生组织(World Health Organization，WHO)《饮用水水质准则》(第四版)中列出了包括细菌、病毒和蠕虫等潜在风险的微生物名录，但关于真菌的相关信息很少提及(Bandh et al., 2016；Al-Gabr et al.，2014；Grabińska-Łoniewska et al.，2007；Hageskal et al.，2007)。文刚等(2022)研究表明，饮用水中的真菌无法通过传统氯消毒有效控制，且在管网输配过程中容易二次繁殖并进入用户家中，引发真菌生物风险。

目前，城镇供水系统中常见的致病真菌有曲霉属(*Aspergillus*)、镰刀菌属(*Fusarium*)、枝孢属(*Cladosporium*)、枝顶孢属(*Acremonium*)、青霉属(*Penicillium*)、链格孢属(*Alternaria*)等。真菌有各种途径进入水源或饮用水输配系统，并在管道内侧形成生物膜，造成水体污染。真菌衍生化合物还会导致自来水口感变差，产生异味。赵典(2019)研究发现，致病真菌的增殖会导致饮用水产生真菌毒性，具有致敏性、致癌性，使人体产生哮喘症状恶化、过敏性肺炎和皮肤过敏等症状。尤其是对免疫力低下的人群来说，如果过量饮用有真菌毒性的水，可能会危及生命。

5.1.2　饮用水主要污染来源及水质标准

谈立峰等(2018)将饮用水的污染来源概括为三个，分别是源头污染、中部供水污染和输配水管网污染。饮用水的源头基本是水源水库，水源水库中有机物种类随季节大致呈规律性变化，夏季藻类常会因为富营养化大量生长。藻类生长速度快，水处理厂很难在第一时间将水中产生的伴生菌及有机物完全去除，导致饮用水污染，还有可能会随着输配水管网输送到用户家中。

中部供水污染是指在二次供水的过程中受到的污染。二次供水有两种方式：第一种是直接供水加压到水箱、水池、压力罐等储水设施，在里面进行二次加压，然后再供水到高层住户；第二种是采用无负压供水，在直接供水的基础上加压，但是设备相对而言比较昂贵，附加费用也高。刘成等(2014)研究发现，第一种供水方式是现在最常见的二次供水方式，但由于管理不善，水池、水箱缺乏定期的清洗，二次消毒措施失效及系统本身的缺陷等，极易发生饮用水二次污染，甚至产生严重的水质污染事故。

在长距离输水的过程中，饮用水不可避免地会在管道中长期滞留。我国饮用水运输系统使用的管道通常是铁制的，铁释放会引起亚硝氮和三卤甲烷浓度增加及余氯衰减，管道中滞留的自来水可能发生化学污染(Zhang et al.，2021)。另外，室内管道中水体温度在室内温度的影响下增高，给微生物增殖提供舒适环境；水体中残留的总有机碳(TOC)为细菌生长提供营养物质；余氯消散导致饮用水中细菌受到的抑制作用减弱。综上，室内供水管道中的水体水质在经历可能的源头污染、二次供水和过夜滞留后不一定能达到饮用水的标准要求。

国家卫生健康委员会发布的《生活饮用水卫生标准》(GB 5749—2022)于 2023 年 4 月 1 日正式实施，其中明确提到：生活饮用水中不应含有病原微生物；生活饮用水中化学物质和放射性物质不应危害人体健康。新标准中规定生活饮用水的一般化学指标范围比旧标准更加严格，包括：总硬度(以 $CaCO_3$ 浓度计)<450mg/L，铁浓度<0.3mg/L，氯化物浓度<250mg/L，溶解性总固体浓度<1000mg/L 等。另外，新标准的微生物指标中删除了耐热大肠菌群指标，并重新修订了对总大肠菌群的要求，内容包括总大肠菌群、大肠埃希氏菌均不应检出，贾第鞭毛虫和隐孢子虫<1 个/10L，菌落总数不得超过 100CFU/mL。

5.1.3　供水管道微生态的研究进展

1. 影响室内供水管道中细菌增殖的研究进展

目前，国内外关于滞留与温度诱导供水管道细菌增殖的研究有很多，这也表现出人们对饮用水安全的重视程度越来越高。Ling 等(2018)对城市供水系统中微生物群落进行了研究，原位跟踪自来水微生物组组成，研究结果表明城市供水系统中细菌群落组成在约 6d 滞留后发生大幅变化，细胞计数从 10^3 个/mL 增加至 7.8×10^5 个/mL。Bédaerd 等(2018)基于滞留时间与取样量对大型建筑用水中微生物增长和化学指标的变化机制进行探究，表明生物膜是滞留后水体污染的主要原因。苗义龙(2016)研究发现，长期使用的供水管道中会滋生细菌生物膜，细菌生物膜不仅能够滋生大量细菌，使得水中菌群超标，而且还对细菌产生保护，造成饮用水在传输过程中二次污染。比表面积越大，细菌增殖就越快。在滞留 24h 或更长时间后，大量冲洗管道可在一定程度上规避饮用水细菌二次增长带来的危害。芬兰学者 Inkinen 等(2014)于 2012 年对某一办公大楼的供水系统进行研究，分析管道材料和温度对运行 1 年的办公大楼水质和生物膜的影响。结果表明，水的状态(流动或静止)和温度是供水管网中金属物质释放和细菌增殖的重要影响因素。

徐磊(2020)对滞留诱导供水管道内细菌增殖特征的季相演替进行了研究，于 2019 年对陕西省西安市四座建筑物中 8 个水龙头进行长达 1 年的定点采样，每个季度采样两次。实验结果表明，室内供水管道中滞留水与新鲜水水质指标与细菌群落增殖特征随季节演替均存在显著性差异($P < 0.05$)。另外，Ji 等(2017)对热水器中不同水温(39℃、48℃、51℃、58℃)、不同水流方向(上向流、下向流)和不同用水频率(每周冲洗 1 次、3 次、21 次)进行研究，表明滞留和温度升高期间很有可能是管道生物膜中细菌的释放和增殖导致了管道水中微生物增加。Chan 等(2019)对饮用水系统中生物膜中细菌数量及微生物种群结构的变化进行了探究，研究结果表明，在经过超滤处理后，58%的浮游生物细胞来自饮用水系统中的管道生物膜。

有研究表明，供水系统管网的不同管材也可影响生物膜微生物的数量及种群多样性。Sarin 等(2004)发现，铸铁材料对管道中微生物的生长及生物膜的形成有显著促进作用，因为铸铁管道很容易在电化学反应作用下被腐蚀，腐蚀后凹凸不平的管壁表面更利于细菌的附着，附着在管壁的微生物可利用胞外聚合物黏附营养物质和细菌，从而逐渐形成生物膜。另外，铁的释放会引起亚硝氮和三卤甲烷浓度增加及余氯衰减，进而导致管道水质严重恶化(Zlatanović et al.，2017；Masters et al.，2015；Nguyen et al.，2012；Dion-Fortier et al.，2009)。Inkinen 等(2014)分别利用铜管网和塑料管网对管道水质和一年生物膜进行了研究，发现交联聚乙烯(PEX)管道会释放可同化有机碳(assimilable organic carbon，AOC)和微生物可用磷(microbial available phosphorus，MAP)，为微生物提供营养物质，从而促进管壁生物膜的生长，生物膜的形成速率远远大于铜管。

王薇(2015)为了研究管材、管龄和管径对微生物种群数量和多样性的影响，在我国东部某市选用灰口铸铁管、球墨铸铁管、镀锌管、不锈钢复合管和塑料管五种管材进行采样研究。研究结果表明，灰口铸铁管内细菌总数最多，塑料管内细菌总数最少；不同管龄的球墨铸铁管和镀锌管，随着管龄的增大，管道内细菌总数和可培养菌数明显增加，且以球菌和杆菌为主；对于不同管径的球墨铸铁管，管径越大，管道内细菌总数和可培养菌数越多，但管径小的生物多样性高。叶萍等(2017)分别利用高密度聚乙烯管和球墨铸铁管研究滞留工况下不同供水管道水体微生物群落结构和总铁与腐蚀细菌的相关性。研究结果表明，细菌群落结构的变化与管道材质不存在关联性，但相较于高密度聚乙烯管，球墨铸铁管管网更有利于腐蚀细菌的增殖，从而影响总铁的释放。

2. 城市供水系统影响水中真菌数量和群落结构的研究进展

近年来，人们对饮用水安全中的微生物污染问题越发关注，有不少专家学者进行了这方面的研究。大多数研究集中在水中的细菌、病毒和蠕虫，忽略了饮用水中潜在的致病真菌，因此针对城市供水系统中真菌数量、群落组成及变化的研究十分具有现实意义。王钰等(2019)在水源水库、两个水厂的各净水过程及不同供水模式的用户龙头进行采样研究，将采集的 15 个水样分别在 MEA 和 RB 两种培养基上培养并进行培养法计数。提取上述样本总 DNA，并应用 Illumina MiSeq 平台进行 ITS1 区高通量测序。研究表明，供水管网及二次供水设施是末端饮用水中真菌污染的重要来源。事实上，在经过自来水厂消毒工艺处理后，两个水厂出厂水中可培养真菌数均为 0CFU/100mL，但经过供水管网输配后，真菌数又出现了上升，尤其是安装二次供水水箱、水泵系统的用户龙头水中真菌数明显上升，最高可达到 100CFU/100mL。该研究虽然对水中真菌数和群落结构在供水过程中的变化进行了系统的对比研究，但并没有针对真菌污染提出具体有效可行的解决措施。

赵建超(2016)针对供水系统水源水中的真菌进行了灭活实验，研究了不同消毒剂氯、臭氧、紫外线及其组合工艺(臭氧-氯、紫外线-氯)对真菌的灭活效果。研究显示，单独紫外线灭活工艺无法有效完全灭活真菌，臭氧-氯、紫外线-氯联合消毒工艺则相较氯、臭氧单独处理效果更好，耗材更少，可以有效清除水中的真菌。朱红(2017)对真菌的紫外灭活效果进行了研究，分别研究紫外线、基于紫外线的高级氧化工艺(UV-PMS/PS/H_2O_2)及组合工艺(紫外线-氯)对木霉属、青霉属、枝顶孢属和枝孢属等真菌种属的灭活效能。研究表明，四种真菌孢子对紫外线辐照均具有较强抗性，影响紫外灭活的效果；高级氧化工艺对真菌孢子的灭活具有强化作用，其中 UV-PMS 工艺效果最好。

另外，文刚等(2016)和黄廷林等(2016)分别研究了氯和臭氧-氯灭活地下水中真菌的效能与机制，研究结果表明，臭氧-氯灭活真菌是一种协同作用，较单独氯灭活效能更好，且随着预臭氧浓度增大、预臭氧时间延长，灭活效果提高，协同作用增强。

5.1.4 饮用水中真菌研究方法的研究进展

1. 平板计数法

平板计数法是一种统计水中含菌数的有效方法。将待测水样适当稀释，使待测液中的微生物充分分散成单个细胞。取一定量的稀释样液进行抽滤，将抽滤完毕的滤膜放在平板上，倒置培养 48 h。每个单细胞生长繁殖形成肉眼可见的菌落，即一个单菌落代表原样品中的一个单细胞。统计真菌菌落数量，根据稀释倍数和实际水样量即可换算出样品中的含菌数。目前，平板计数法是使用最广泛、操作最简单、费用最低的菌落计数方法，常用于实验室特异性培养菌的计数。

Pereira 等(2010)选择了 6 种不同的培养基来培养和筛选地表水、泉水和地下水中的真菌，评估不同培养基对真菌的分离和计数能力。结果表明，氯硝铵孟加拉红琼脂培养基在特异性培养真菌及检测真菌多样性方面效果更好。

2. 麦角甾醇测定法

麦角甾醇(ergosterol)，又称麦角固醇，是真菌细胞膜的重要组成成分，因此检测麦角甾醇含量有助于测量真菌的生物量。皂化回流法是萃取麦角甾醇最常用的方法，影响产率的因素主要有皂化温度、醇碱比、皂化剂等。皂化剂中乙醇的比例是影响萃取效率的主要因素，醇碱比越大，萃取效率越大。此方法成本低、耗能少、操作简便，常用于真菌生物量的测定，但存在萃取时间长、有机溶剂用量大、安全系数低等问题。

以超声细胞粉碎法从水稻纹枯病菌和金针菇中获得麦角甾醇的量均比皂化回流法多，且使用试剂量少，操作简单省时。超声细胞粉碎法的常用设备是超声清洗机。胡代花等(2017)的研究表明，超声波能量分布不集中，细胞粉碎效率较低，若能缩短提取时间，则有望成为快速测定真菌中麦角甾醇含量的方法。

3. 荧光定量 PCR 法

荧光定量 PCR 法是一种在 DNA 扩增反应中以荧光化学物质测定每次聚合酶链式反应循环后产物总量的方法。通过荧光基团，对 PCR 扩增产物进行标记跟踪，实时在线监控整个反应过程，并结合相应的软件对产物进行分析，计算待测样品模板的初始浓度。该方法操作便捷、结果准确，可用于各种细菌和真菌总量的检测，目前被普遍用于微生物的计数。荧光定量 PCR 法已被应用于检测样品中可培养和不可培养细菌和真菌的数量。

4. 流式细胞术

流式细胞术是利用流式细胞仪测量液相中悬浮单细胞或生物颗粒物理和化学性质的生物检测技术(Prest et al.，2014)。流式细胞术是光电测量技术、计算机技术、激光技术、细胞荧光化学技术、单克隆抗体技术、流体力学、细胞化学、细胞免疫学等高度发展及综合利用的高技术产物。严心涛等(2020)分析了流式细胞术在饮用水微生物检测中的应用及挑战，指出流式细胞术可对群体细胞在单细胞水平上进行多参数定量分析，如细胞的结构(细胞大小、细胞表面积、DNA 含量)和功能(胞内细胞因子、酶活性)等，具有快速、灵敏、精确的特点。该方法通过将染料与微生物 DNA 特异性结合，能区分微生物与非生物颗粒物，从而快速准确地测定水中微生物总数。

5.2 材料与实验方法

1. 实验材料与仪器

本章使用的一些主要材料与仪器包括玻璃瓶(2000mL)、pH 计(P901)、超纯水机(M29398)、0.22μm 无菌滤膜(Φ50mm/0.22μm 水系混合)、紫外-可见分光光度计(UV-2600)、原子吸收光谱仪(AA6800)、总有机碳测定仪(TOC-L CPN)等(表 5.1)。本章实验过程中使用的药剂均为分析纯及以上的标准，达到实验使用要求。

表 5.1 实验中主要材料与仪器

材料或仪器	型号
玻璃瓶	2000mL
pH 计	P901
超纯水机	M29398
0.22μm 无菌滤膜	Φ50mm/0.22μm 水系混合
紫外-可见分光光度计	UV-2600
原子吸收光谱仪	AA6800
总有机碳测定仪	TOC-L CPN

2. 实验方法

西安市内不同区域供水方式有差异，部分地区采用集中式供水，部分高层建筑采用水箱或储水池等二次供水方式。不同小区内对二次供水设施采取不同措施，有的会固定时间加氯消毒清洗水箱，有的长期不做处理。因此，本章选取陕西省西安市 9 个不同地点，分别为白庙小区(BM)、群贤庄(QXZ)、迈科星苑(MK)、西光 35 街坊(XG)、南洋国际(NYGJ)、金水湾(JSW)、西安建筑科技大学研高层(简称“西建大研高层”，JGC)、曼城国际(MCGJ)、凤凰城(FHC)的固定水龙头，进行水样的采集，具体采样点背景概况如表 5.2 所示。

表 5.2 采样点背景概况

采样点	采样点高度/层	管道材质	有无二次加氯	供水方式
白庙小区	7	铁	无	集中供水
群贤庄	1	铁	无	集中供水
迈科星苑	6	铁	无	集中供水

续表

采样点	采样点高度/层	管道材质	有无二次加氯	供水方式
西光 35 街坊	6	铁	无	集中供水
南洋国际	8	铁	无	二次供水
金水湾	10	铁	有	二次供水
西安建筑科技大学研高层	10	铁	无	二次供水
曼城国际	26	铁	有	二次供水
凤凰城	14	铁	有	二次供水

在早上 6:00～7:00 对采样点选定的水龙头采集管道滞留水体 1.5L，采样期间为防止样品飞溅应适当减小流速。采集完滞留水样后，将水量开至最大，保持水龙头开启 5min 后接取新鲜水样 1.5L，将两种样品分装到两个 2L 的无菌玻璃瓶中。

本章水质化学参数中的自由性余氯浓度、总余氯浓度、氨氮(NH_4^+-N)浓度、硝氮(NO_3^--N)浓度、总氮(TN)浓度、总磷(TP)浓度采用分光光度法进行测定。总铁浓度采样火焰原子吸收法测定。总有机碳(total organic carbon，TOC)浓度使用总有机碳测定仪(燃烧法)进行测定。具体测定方法和仪器见表 5.3。

表 5.3　水质化学参数测定方法和仪器

水质参数	测定方法	仪器型号
自由性余氯浓度	*N*,*N*-二乙基对苯二胺(DPD)分光光度法	紫外–可见分光光度计 (UV-2600)
总余氯浓度	*N*,*N*-二乙基对苯二胺(DPD)分光光度法	紫外–可见分光光度计 (UV-2600)
NH_4^+-N 浓度	纳氏试剂分光光度法	紫外–可见分光光度计 (UV-2600)
NO_3^--N 浓度	酚二磺酸分光光度法	紫外–可见分光光度计 (UV-2600)
TN 浓度	过硫酸钾氧化–紫外分光光度法	紫外–可见分光光度计 (UV-2600)
TP 浓度	过硫酸钾消解–钼锑抗分光光度法	紫外–可见分光光度计 (UV-2600)
总铁浓度	火焰原子吸收法	原子吸收光谱仪 (AA6800)
TOC 浓度	燃烧法	总有机碳测定仪 (TOC-LCPN)

真菌总数采用平板计数法测定。取 200mL 的待测水样进行抽滤，将抽滤后的 0.22μm 无菌滤膜放在平板上，倒置培养，由单个真菌细胞生长繁殖形成肉眼可见的菌落，一个单菌落即代表原样品中的一个细胞。统计真菌群落数量，即可换算出样品中的含菌数。每个样品设置三个平行测定($n = 3$)。

5.3 水质参数的变化规律

5.3.1 温度变化规律

温度是影响真菌增殖的重要因素之一，也是衡量水质健康的重要标准。3～5 月各采样点新鲜水和滞留水的温度如图 5.1 所示。

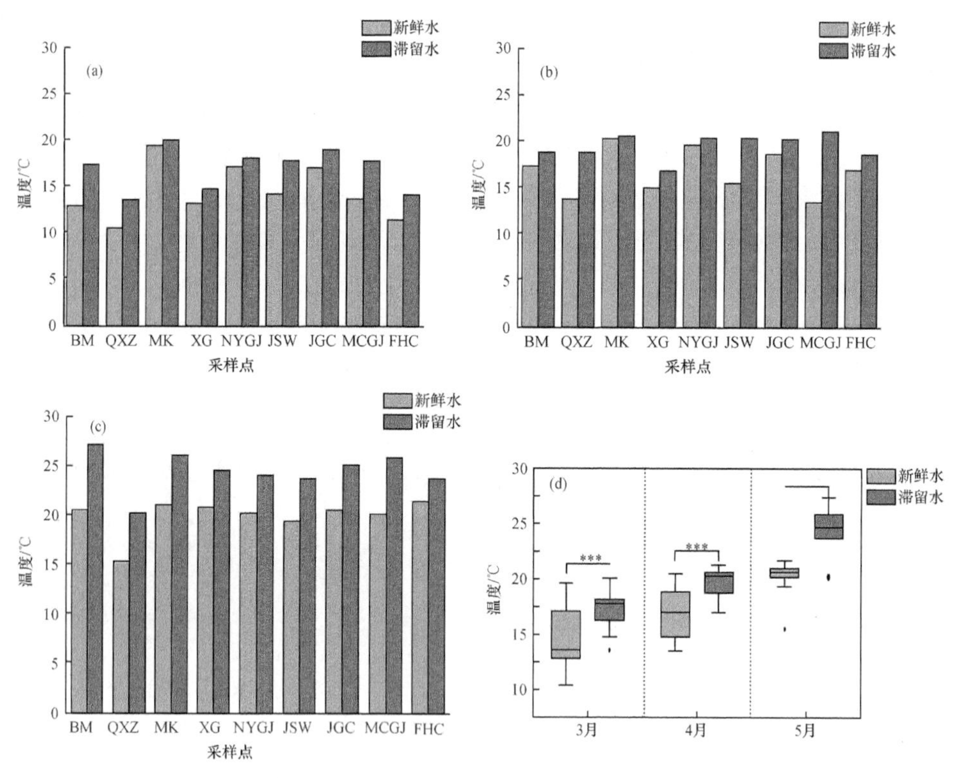

图 5.1 3～5 月新鲜水和滞留水温度的变化

(a) 3 月；(b) 4 月；(c) 5 月；(d) 差异检验

如图 5.1(a)所示，3 月迈科星苑(MK)温度最高(新鲜水和滞留水温度分别为 19.6℃和 20.1℃)，群贤庄(QXZ)温度最低(新鲜水和滞留水温度分别为 10.6℃和 13.7℃)。总体上看，所有采样点的水样温度在滞留后均有所上升，其中白庙小区

(BM)温度升高最多，滞留前后温度差达到了 4.5℃；迈科星苑(MK)温度上升最少，温度差只有 0.5℃。

如图 5.1(b)所示，4 月曼城国际(MCGJ)滞留前温度最低，滞留后温度最高，分别为 13.6℃和 21.3℃。另外，4 月各采样点滞留前后水样温度较 3 月有较小提高，与气温有关。滞留后曼城国际(MCGJ)温度升高最多，温度差达到了 7.7℃；迈科星苑(MK)温度上升最少，温度差只有 0.4℃。3 月和 4 月迈科星苑(MK)的滞留水与新鲜水温度较高且温度差较小，可能是因为小区人口密集，管道滞留水量巨大，取样时最大流速冲洗 5min 未将滞留水充分流出。注意到了这个问题后，在 5 月采样时延长了冲洗时长，该采样点滞留前后水样温度差异较大。

如图 5.1(c)所示，5 月白庙小区(BM)温度最高(新鲜水和滞留水温度分别为 20.6℃和 27.3℃)，群贤庄(QXZ)温度最低(新鲜水和滞留水温度分别为 15.5℃和 20.3℃)。由于 5 月气温大幅升高，各采样点滞留前后水样温度较 3 月和 4 月显著升高。在滞留后温度变化最大的是白庙小区(BM)，升高了 6.7℃；温度变化最小的是凤凰城(FHC)，只升高了 2.2℃。

如图 5.1(d)所示，各采样点的滞留水温度显著高于新鲜水，3～5 月新鲜水和滞留水样的平均温度分别为 14.5℃和 17.0℃、16.9℃和 19.7℃、20.0℃和 24.6℃。其中，5 月采集的滞留水和新鲜水温度差异最大，平均温差为 4.6℃，3 月和 4 月采集的滞留水平均温度分别比新鲜水高出 2.5℃和 2.8℃，表明过夜滞留会导致水体温度升高，且滞留前后温度差与气候相关。另外，4 月各采样点新鲜水和滞留水的平均温度较 3 月分别升高了 16.6%和 15.9%，5 月新鲜水和滞留水的平均温度较 4 月分别升高了 18.3%和 24.9%。

5.3.2 pH 变化规律

目前没有具体研究表明饮用水的 pH 与人体健康的关系，但为了防止金属管道被 pH 较低的液体腐蚀，我国饮用水的酸碱性一般保持为弱碱性，pH 多为 6.6～8.5。3～5 月各采样点新鲜水和滞留水的 pH 如图 5.2 所示，各采样点滞留前后水样 pH 为 7.50～8.65。

如图 5.2(a)所示，3 月各采样点水样 pH 在滞留后略微降低，其中金水湾(JSW)pH 最大(新鲜水和滞留水 pH 分别为 8.65 和 8.49)，曼城国际(MCGJ)pH 最小(新鲜水和滞留水 pH 分别为 7.76 和 7.78)。pH 降低最多的是西建大研高层(JGC)和凤凰城(FHC)，pH 均降低了 0.17；滞留前后 pH 最接近的为白庙小区(BM)，新鲜水和滞留水 pH 分别为 8.13 和 8.12。如图 5.2(b)所示，4 月西建大研高层(JGC)pH 最大(新鲜水和滞留水的 pH 分别为 8.10 和 7.98)，金水湾(JSW)pH 最小(新鲜水和滞留水的 pH 分别为 7.73 和 7.50)。pH 降低最多的是南洋国际(NYGJ)，pH 降低了

0.19；pH 变化最小的为迈科星苑(MK)，pH 降低了 0.03。如图 5.2(c)所示，5 月曼城国际(MCGJ)pH 最大(新鲜水和滞留水的 pH 分别为 7.90 和 7.87)，白庙小区(BM)pH 最小(新鲜水和滞留水的 pH 分别为 7.71 和 7.68)。5 月各采样点新鲜水和滞留水的 pH 变化较小，其中 pH 降低最多的是西建大研高层(JGC)，pH 降低了 0.08；pH 变化最小的为南洋国际(NYGJ)，该采样点滞留前后水样 pH 均为 7.81，变化量约为 0。如图 5.2(d)所示，3～5 月各采样点新鲜水和滞留水平均 pH 分别为 8.26 和 8.17、7.79 和 7.66、7.82 和 7.78。各采样点滞留水 pH 略微小于新鲜水(0.00～0.19)，变化并不明显，与 Zhang 等(2021)的研究结果一致。

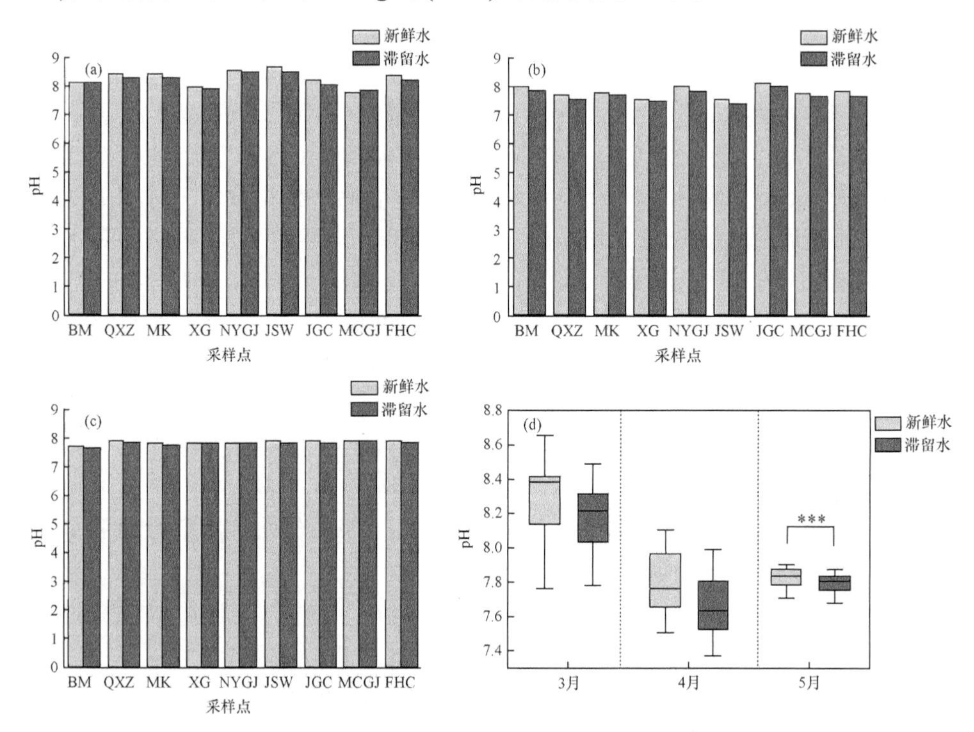

图 5.2　3～5 月新鲜水和滞留水 pH 的变化

(a) 3 月；(b) 4 月；(c) 5 月；(d) 差异检验

5.3.3　余氯浓度变化规律

余氯包括余留在水中的 HClO、ClO^-或溶解的 Cl_2，是影响管道输送系统中微生物群落结构和水质的重要驱动因素(Dias et al.，2019)。如图 5.3(a)所示，3 月各采样点新鲜水和滞留水自由性余氯浓度最大的是曼城国际(MCGJ)(新鲜水和滞留水自由性余氯浓度分别为 0.290mg/L 和 0.226mg/L)，最小的是迈科星苑(MK)(新鲜水和滞留水自由性余氯浓度分别为 0.085mg/L 和 0.030mg/L)。经过滞留后，自由性余氯浓度降低最多的为金水湾(JSW)，滞留前后浓度差为 0.251mg/L；浓度降低最少的是南洋国际(NYGJ)，降低了 0.052mg/L。如图 5.3(b)所示，4 月各采样点新鲜水和滞留水自由性余氯浓度最大的是曼城国际(MCGJ)(新鲜水和滞留水自由性余氯浓度分别为 0.323mg/L 和 0.133mg/L)，最小的是南洋国际(NYGJ)(新鲜水和滞留水自由性余氯浓度分别为 0.071mg/L 和 0.018mg/L)。各采样点滞留后自由性余氯浓度降低最多的是金水湾(JSW)，滞留前后浓度差为 0.254mg/L；浓度降低最少的为西光 35 街坊(XG)，降低了 0.023mg/L。5 月各采样点新鲜水和滞留水自由性余氯浓度最大的是群贤庄(QXZ)(新鲜水和滞留水自由性余氯浓度分别为 0.290mg/L 和 0.226mg/L)，最小的是西建大研高层(YGC)(新鲜水和滞留水自由性余氯浓度分别为 0.089mg/L 和 0.027mg/L)。滞留前后各采样点自由性余氯浓度差异最大的是群贤庄(QXZ)，浓度降低了 0.178mg/L；变化最小的是凤凰城(FHC)，浓度降低了 0.036mg/L。

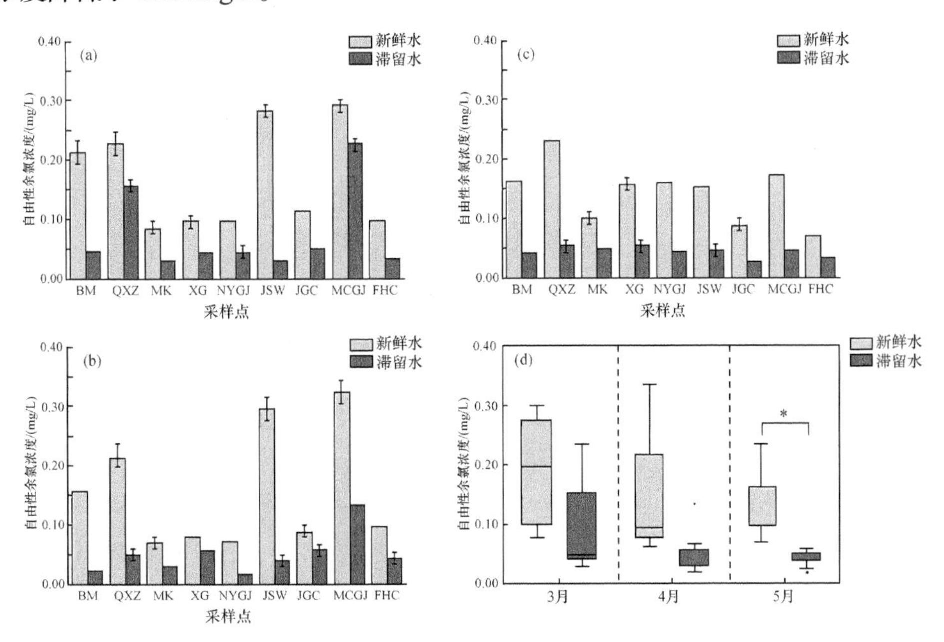

图 5.3　3～5 月新鲜水和滞留水自由性余氯浓度的变化

(a) 3 月；(b) 4 月；(c) 5 月；(d) 差异检验

如图 5.4 所示，3～5 月新鲜水和滞留水的总余氯平均浓度分别为 0.167mg/L 和 0.074mg/L、0.155mg/L 和 0.050mg/L、0.144mg/L 和 0.044mg/L，表明总余氯浓度在经过滞留后显著降低。另外，本章滞留水样的自由性余氯平均浓度低于标准限值 0.05mg/L，无法有效保证对自来水的消毒效果。

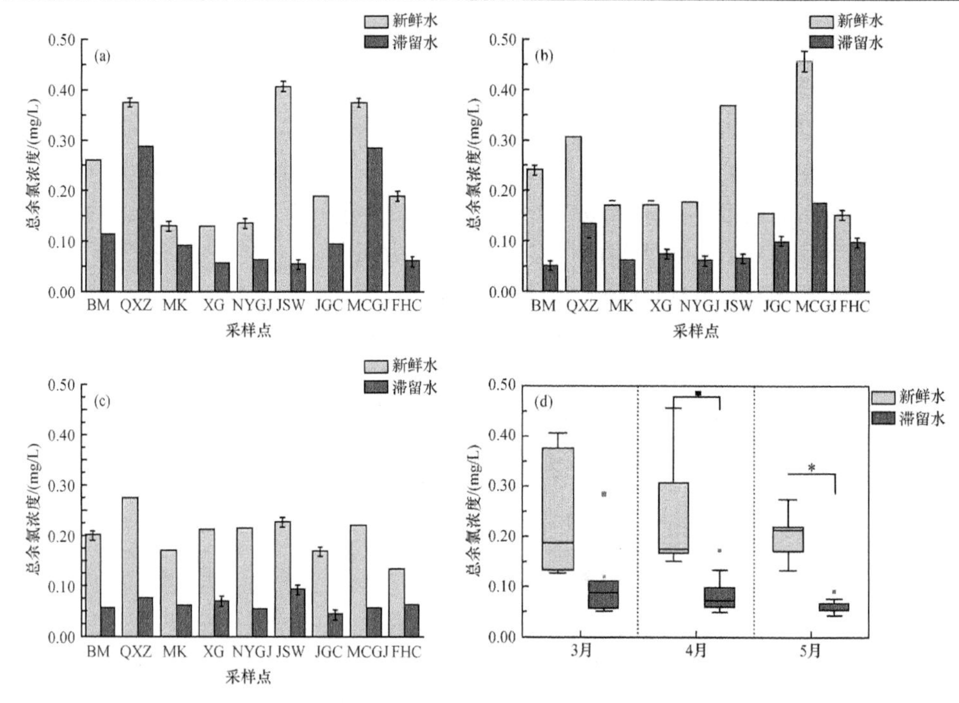

图 5.4　3～5 月新鲜水和滞留水总余氯浓度的变化

(a) 3 月；(b) 4 月；(c) 5 月；(d) 差异检验

总余氯浓度也会随滞留显著减少。由于水中的次氯酸极不稳定，在光照或加热条件下容易分解为挥发性的盐酸，当次氯酸消耗完后，水中的次氯酸根离子和氯单质会自发地转化为次氯酸，直到全部被消耗，因此饮用水中的余氯在滞留期间会自然消解，温度升高也会加快余氯消散的速率。如图 5.4(a)所示，3 月各采样点新鲜水总余氯浓度最大的是金水湾(JSW)(0.407mg/L)，最小的是迈科星苑(MK)和西光 35 街坊(XG)(0.128mg/L)；滞留水总余氯浓度最大的是群贤庄(QXZ)(0.287mg/L)，最小的是金水湾(JSW)(0.052mg/L)。滞留前后各采样点总余氯浓度差异最大的是金水湾(JSW)，浓度降低了 0.355mg/L；变化最小的是迈科星苑(MK)，浓度降低了 0.039mg/L。如图 5.4(b)所示，4 月各采样点新鲜水和滞留水总余氯浓度最大的是曼城国际(MCGJ)，分别为 0.458mg/L 和 174mg/L，新鲜水总余氯浓度最小的是凤凰城(FHC)(0.151mg/L)，滞留水总余氯浓度最小的是白庙小区(BM)(0.050mg/L)。滞留前后各采样点总余氯浓度降低最多的是金水湾(JSW)，浓度降低了 0.305mg/L；降低最少的是西建大研高层(JGC)和凤凰城(FHC)，浓度降低了 0.055mg/L。如图 5.4(c)所示，5 月各采样点新鲜水总余氯浓度最大的是群贤庄(QXZ)(0.275mg/L)，最小的是凤凰城(FHC)(0.134mg/L)；滞留水总余氯浓度最大的是金水湾(JSW)(0.092mg/L)，最小的是西建大研高层(JGC)(0.043mg/L)。滞留前后各采样点总余氯浓度变化最大的是群贤庄(QXZ)，降低了 0.299mg/L；变化最小的是凤凰城(FHC)，浓度降低了 0.073mg/L。

3～5 月新鲜水和滞留水的总余氯平均浓度分别为 0.242mg/L 和 0.121mg/L、0.244mg/L 和 0.090mg/L、0.203mg/L 和 0.057mg/L。白庙小区(BM)、群贤庄(QXZ)、金水湾(JSW)和曼城国际(MCGJ)这四个采样点采集到的新鲜水中总余氯浓度普遍高于其他采样点，但在 5 月有明显的降低趋势。经过调查发现，白庙小区(BM)和群贤庄(QXZ)属于集中式供水，自身位于自来水厂 5km 范围内，饮用水从水厂经管网运输到采样点后余氯浓度保持良好；金水湾(JSW)和曼城国际(MCGJ)属于二次供水，自来水在储水池中二次加压后送至高层，但由于定期进行二次加氯消毒，饮用水中总余氯浓度较高。5 月各采样点采集的新鲜水余氯浓度降低可能是因为气温的升高，管道内余氯消解现象加剧，浓度低于 3 月、4 月。

5.3.4　氨氮浓度变化规律

虽然饮用水中的氨(以 N 计)对人体没有直接的健康影响，但 NH_4^+-N 指标可指示排泄污染，水中氨氮浓度增高时，表示近期可能有人畜粪便污染。供水系统中氨的存在会降低消毒效果，造成过滤除锰失败，引起嗅味等问题。《生活饮用水卫生标准》(GB 5749—2022)中规定，饮用水中氨(以 N 计)浓度不得超过 0.5mg/L。

如图 5.5(a)所示，3 月各采样点滞留水 NH_4^+-N 浓度较新鲜水升高。各采样点新鲜水 NH_4^+-N 浓度最大的是西光 35 街坊(XG)，达到了 0.186mg/L，最小的是曼城国际(MCGJ)，NH_4^+-N 浓度为 0.053mg/L；滞留水 NH_4^+-N 浓度最大的是白庙小区(BM)，NH_4^+-N 浓度为 0.259 mg/L，最小的是西建大研高层(JGC)，NH_4^+-N 浓度为 0.059mg/L。滞留前后各采样点 NH_4^+-N 浓度变化最大的是白庙小区(BM)，NH_4^+-N 浓度增加了 0.121mg/L；差异最小的是西建大研高层(JGC)，其新鲜水和滞留水中 NH_4^+-N 浓度均为 0.059mg/L。图 5.5(b)表明，4 月各采样点新鲜水和滞留水 NH_4^+-N 浓度最大的是西光 35 街坊(XG)，分别为 0.164mg/L 和 267mg/L，NH_4^+-N 浓度最小的是曼城国际(MCGJ)，分别为 0.043mg/L 和 0.088mg/L。滞留前后各采样点 NH_4^+-N 浓度升高最多的是西光 35 街坊(XG)，浓度增加了 0.103mg/L；增加幅度最小的是迈科星苑(MK)，浓度升高了 0.003mg/L。图 5.5(c)显示，5 月各采样点新鲜水 NH_4^+-N 浓度最大的是西光 35 街坊(XG)，浓度为 0.190mg/L，最小的是南洋国际(NYGJ)，NH_4^+-N 浓度为 0.029mg/L；滞留水 NH_4^+-N 浓度最大的是白庙小区(BM)，NH_4^+-N 浓度达到了 0.275mg/L，最小的是南洋国际(NYGJ)，NH_4^+-N 浓度为 0.064 mg/L。滞留前后各采样点 NH_4^+-N 浓度变化最大的是白庙小区(BM)，NH_4^+-N 浓度增加了 0.146mg/L；差异最小的是西建大研高层(JGC)，其新鲜水样和滞留水样中 NH_4^+-N 浓度差为 0.018mg/L。

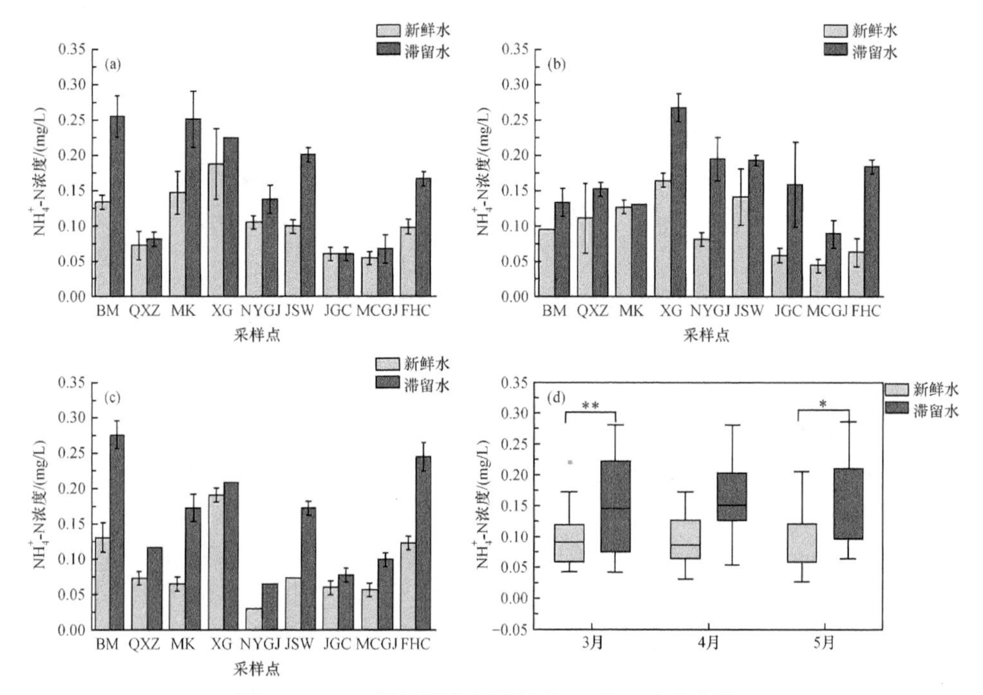

图 5.5　3～5 月新鲜水和滞留水 NH_4^+-N 浓度变化

(a) 3 月；(b) 4 月；(c) 5 月；(d) 差异检验

3～5 月新鲜水和滞留水的 NH_4^+-N 平均浓度分别为 0.105mg/L 和 0.159mg/L、0.097mg/L 和 0.166mg/L、0.088mg/L 和 0.158mg/L。NH_4^+-N 浓度在滞留期间显著增加($P<0.01$)，但均未超过标准限值，维持在(0.029±0.01)～(0.267±0.022) mg/L。这可能是因为饮用水中的有机氮在过夜滞留后被管道中氨化微生物被转化为 NH_4^+-N，滞留水样 NH_4^+-N 浓度增加。温度越高，NH_4^+-N 浓度增加越多[图 5.5(d)]。

5.3.5　硝氮浓度变化规律

硝氮是含氮有机物氧化分解的最终产物，也是引起水体富营养化和影响饮用水质的重要指标之一。臧蓓(2021)调查发现，地下水中硝氮的主要来源有大气中的硝酸盐沉降、生活污水和工业废水、施肥后的径流和渗透作用、土壤中有机物的生物降解等。饮用水中的氨(以 N 计)在好氧情况下可被硝化微生物氧化成亚硝氮和硝氮，硝酸盐和亚硝酸盐浓度大的饮用水可能会诱发高铁血红蛋白血症，产生致癌的亚硝胺，对人体健康产生极大影响(Cockburn et al.，2013)。

由图 5.6(a)可知，3 月除西光 35 街坊(XG)和西建大研高层(JGC)外的采样点新鲜水硝氮浓度经滞留后降低。西光 35 街坊(XG)新鲜水和滞留水硝氮浓度均大于其他采样点(分别为 2.325mg/L 和 2.432mg/L)，硝氮浓度最小的是凤凰城(FHC)(分别为 1.550mg/L 和 1.476mg/L)。如图 5.6(b)所示，4 月除群贤庄(QXZ)和南洋国际(NYGJ)外的采样点滞留水硝氮浓度小于新鲜水。各采样点新鲜水硝氮浓度最大的是凤凰城(FHC)(2.714mg/L)，滞留水硝氮浓度最大的是群贤庄(QXZ)(2.316mg/L)；新鲜水和滞留水硝氮浓度最小的是金水湾(JSW)(分别为 1.384mg/L 和 1.307mg/L)。5 月各采样点滞留水硝氮浓度均小于新鲜水，其中新鲜水和滞留水硝氮浓度最大的是西光 35 街坊(XG)(分别为 2.633mg/L 和 2.472mg/L)，最小的为凤凰城(FHC)(分别为 1.992mg/L 和 1.599mg/L)。

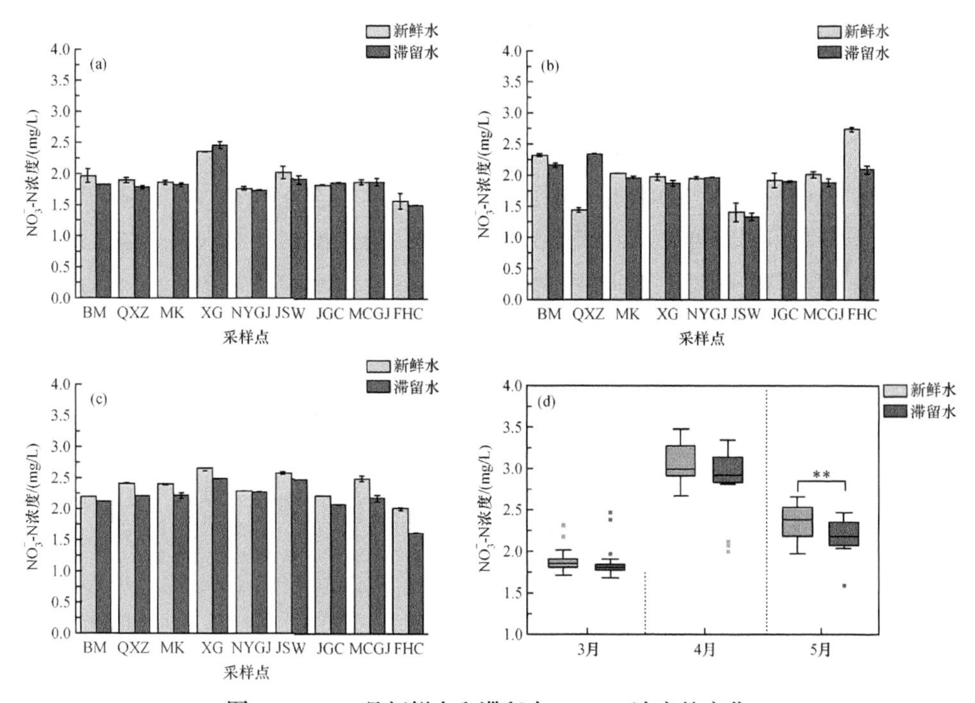

图 5.6　3～5 月新鲜水和滞留水 NO_3^--N 浓度的变化

(a) 3 月；(b) 4 月；(c) 5 月；(d) 差异检验

3～5 月新鲜水和滞留水的硝氮平均浓度分别为 1.881mg/L 和 1.839mg/L、1.955mg/L 和 1.924mg/L、2.343mg/L 和 2.163mg/L。总体上滞留水较新鲜水硝氮浓度略有下降。《生活饮用水卫生标准》(GB 5749—2022)中规定：饮用水中硝酸盐(以 N 计)浓度限值为 10mg/L，滞留前后各采样点水样中硝氮浓度均符合国家标准规定的限值。3 月西光 35 街坊(XG)和西建大研高层(JGC)、4 月群贤庄(QXZ)

和南洋国际(NYGJ)几处采样点的饮用水在滞留后表现出 NO_3^--N 浓度增加的特征，这可能是水中的氨和亚硝氮在硝化微生物的作用下大量转化为硝氮，具有偶然性，与其他采样点的情况不符。另外，硝氮浓度的下降趋势与温度有关，温度越高，下降越多[图 5.6(d)]。温度最高的 5 月，各采样点采集的新鲜水与滞留水的硝氮浓度差异最大，达到了 0.180mg/L。

5.3.6　总氮浓度变化规律

总氮(TN)是水中各种形态无机氮和有机氮的总和，包括蛋白质、氨基酸、有机胺等有机氮和 NO_3^--N 、NO_2^--N 、NH_4^+-N 等无机氮，是衡量水质标准的重要指标之一，常被用来表示水体受营养物质污染的程度。

由图 5.7(a)可知，3 月除西光 35 街坊(XG)、曼城国际(MCGJ)和凤凰城(FHC)外的采样点新鲜水在滞留后总氮浓度略有降低。新鲜水和滞留水总氮浓度最大的为西光 35 街坊(XG)(分别为 3.144mg/L 和 3.568mg/L)，浓度最小的是凤凰城(FHC)(分别为 1.800mg/L 和 3.568mg/L)。总体上各采样点水样滞留前后总氮浓度差异较小，最大差值为 0.428mg/L(西光 35 街坊(XG))，最小差值为 0.004mg/L(南洋国际(NYGJ)和金水湾(JSW))。如图 5.7(b)所示，4 月除群贤庄(QXZ)和南洋国际(NYGJ)外的采样点新鲜水总氮浓度大于滞留水。新鲜水和滞留水总氮浓度最大的为曼城国际(MCGJ)(分别为 2.943mg/L 和 2.904mg/L)，浓度最小的是南洋国际(NYGJ)(分别为 2.157mg/L 和 2.192mg/L)。滞留前后各采样点总氮浓度变化最小的是群贤庄(QXZ)，浓度升高了 0.014 mg/L；浓度变化最大的为凤凰城(FHC)，降低了 0.397 mg/L。如图 5.7(c)所示，5 月各采样点滞留水总氮浓度均小于新鲜水。新鲜水和滞留水总氮浓度最大的为西光 35 街坊(XG)(分别为 3.126mg/L 和 2.798mg/L)，浓度最小的是凤凰城(FHC)(分别为 2.107mg/L 和 1.861mg/L)。滞留前后各采样点总氮浓度变化最小的是白庙小区(BM)，浓度降低了 0.054mg/L；浓度变化最大的为曼城国际(MCGJ)，降低了 0.745mg/L。

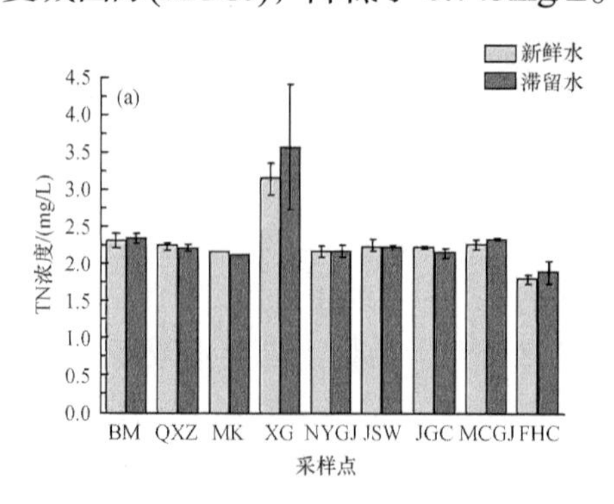

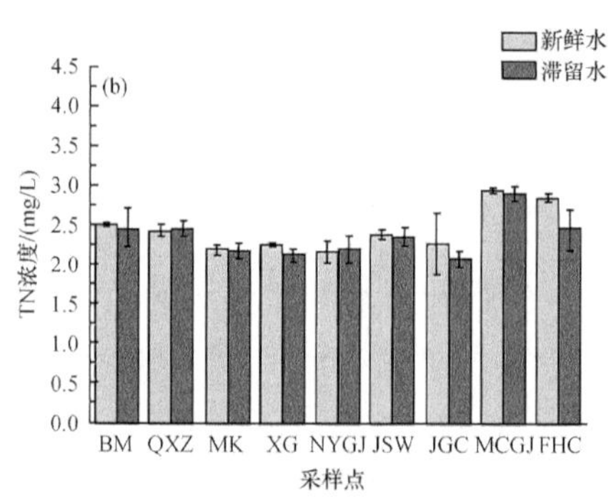

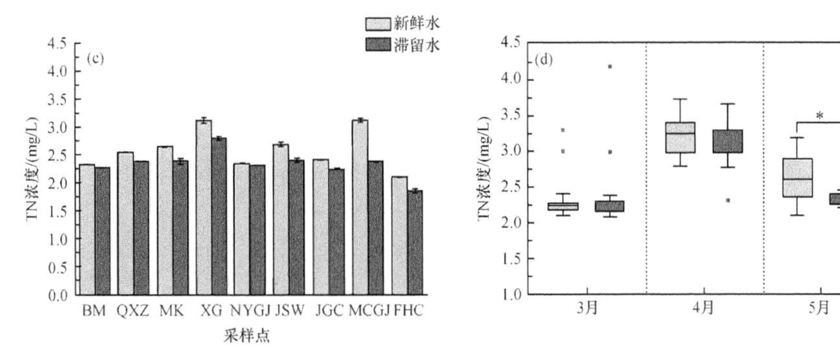

图 5.7　3～5 月新鲜水和滞留水 TN 浓度变化

(a) 3 月；(b) 4 月；(c) 5 月；(d) 差异检验

目前没有明确规定饮用水中总氮浓度的标准限值，但原则上总氮浓度≥氨(以 N 计)浓度+硝酸盐(以 N 计)浓度，即饮用水中总氮浓度标准限值应＜氨(以 N 计)浓度+硝酸盐(以 N 计)浓度标准限值。3～5 月各采样点新鲜水和滞留水的总氮浓度变化如图 5.7(d)所示，3～5 月新鲜水和滞留水的总氮平均浓度分别为 2.282mg/L 和 2.223mg/L、2.439mg/L 和 2.351mg/L、2.593mg/L 和 2.339mg/L。总体上看，各采样点水样滞留后总氮浓度略有下降，且不存在总氮浓度过大的情况。饮用水中的总氮主要由氨、有机氮、硝氮和亚硝氮组成，有机氮在滞留期间被氨化微生物转化为 NH_4^+-N，小部分转化为氨气离开水中，剩下部分溶入水中，在硝化微生物的作用下转化为硝氮和亚硝氮，因此水中的总氮浓度略有降低。

5.3.7　总磷浓度变化规律

总磷(TP)指水体中磷元素的总和，一般包括正磷酸盐、缩合磷酸盐、焦磷酸盐、偏磷酸盐、亚磷酸盐等。同时，磷也是人体必需的元素之一，参与构成骨骼、牙齿和合成多种酶、ATP、DNA 等重要过程，但人体磷的含量过高可能会引发磷血病，并影响人体对钙的吸收和利用等。

由图 5.8(a)可知，3 月各采样点新鲜水总磷浓度最大的是西光 35 街坊(XG)(0.015mg/L)，最小的为西建大研高层(JGC)(0.008mg/L)；滞留水总磷浓度最大的是曼城国际(MCGJ)和西建大研高层(JGC)(均为 0.017mg/L)，最小的是白庙小区(BM)和迈科星苑(MK)(均为 0.008mg/L)。各采样点的水样滞留前后总磷浓度差异不大，变化最大的为西建大研高层(JGC)，浓度增加了 0.009mg/L；南洋国际(NYGJ)滞留前后总磷浓度没有发生变化，均为 0.009 mg/L。在图 5.8(b)中，4 月各采样点新鲜水总磷浓度最大的是西光 35 街坊(XG)(0.019mg/L)，最小的为群贤庄(QXZ)和南洋国际(NYGJ)(均为 0.004mg/L)；滞留水总磷浓度最大的是迈科星苑(MK)(0.021mg/L)，最小的是金水湾(JSW)和曼城国际(MCGJ)(均为 0.004mg/L)。各采样点的水样滞留前后总磷浓度差异不大，浓度变化范围在 0～0.006mg/L。如图 5.8(c)所示，5 月各采样点新鲜水总磷浓度最大的是曼城国际(MCGJ)(0.014mg/L)，最小的为群贤庄(QXZ)(0.006mg/L)；滞留水总磷浓度最大的是西光 35 街坊(XG)(0.017mg/L)，最小的是群贤庄(QXZ)(0.006mg/L)。各采样点的水样滞留前后总磷浓度差异不大，浓度变化范围在 0～0.004mg/L。

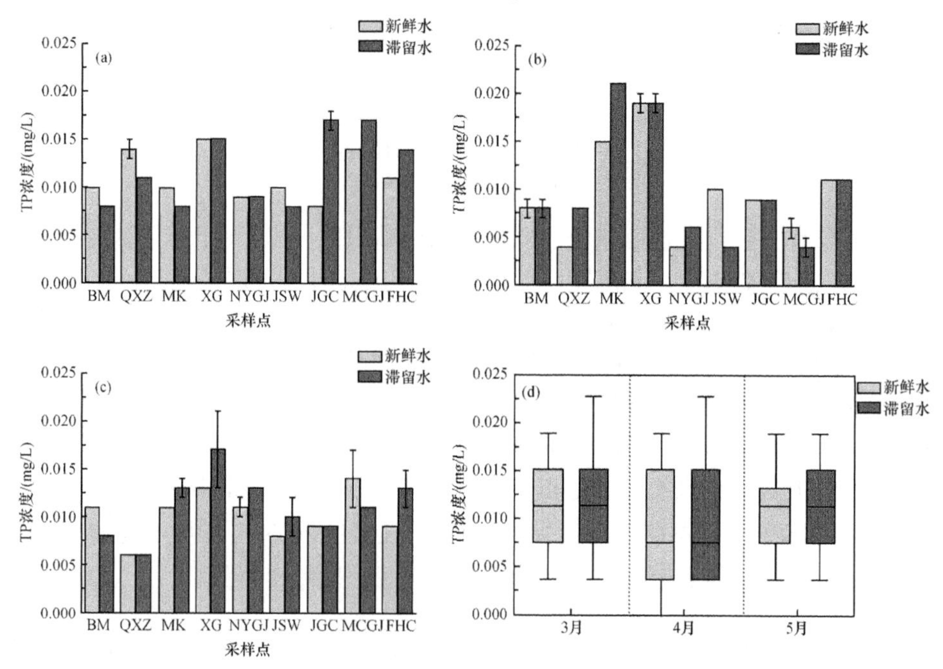

图 5.8　3～5 月新鲜水和滞留水 TP 浓度变化

(a) 3 月；(b) 4 月；(c) 5 月；(d) 差异检验

我国《生活饮用水卫生标准》(GB 5749—2022)中对饮用水总磷浓度无明确规定，但《地表水环境质量标准》(GB 3838—2002)对五类地表水总磷浓度提出了要求。饮用水符合其中Ⅰ类、Ⅱ类水体内容，即总磷浓度限值为 0.02mg/L。如图 5.8(d)所示，各采样点水样的总磷浓度在滞留前后均在 0.006～0.021mg/L，无显著差异(P>0.05)，且均不超过标准限值。

5.3.8　总铁浓度变化规律

Fe 是人体必需的微量元素，在合成血红蛋白和各种酶的过程中发挥重要作用，徐航(2021)研究表明摄入铁的含量过高或过低均会对健康造成危害。长期饮用 Fe 含量超标的水可能会引起一些与大脑神经传输性相关的疾病，如阿尔茨海默病和帕金森病等。缺铁会引发贫血，严重还会导致行为和智力方面的问题。根据我国《生活饮用水卫生标准》(GB 5749—2022)规定，饮用水中总铁浓度不得超过

0.3 mg/L。

由图 5.9(a)可知，3 月各采样点的水样总铁浓度总体在滞留后呈上升趋势。各采样点新鲜水总铁浓度最大的是白庙小区(BM)(0.3748mg/L)，最小的是金水湾(JSW)(0.0212 mg/L)；滞留水总铁浓度最大的是西光 35 街坊(XG)(0.6640mg/L)，最小的是群贤庄(QXZ)(0.0408mg/L)。滞留前后总铁浓度变化最大的是西光 35 街坊(XG)，浓度升高了 0.5568 mg/L；浓度变化最小的是群贤庄(QXZ)，升高了 0.0003mg/L。如图 5.9(b)所示，4 月新鲜水和滞留水总铁浓度最大的是西光 35 街坊(XG)(分别为 0.4697mg/L 和 0.7151mg/L)；新鲜水总铁浓度最小的是曼城国际(MCGJ)(0.0454mg/L)，滞留水中总铁浓度最小的是西建大研高层(JGC)(0.0632mg/L)。滞留前后总铁浓度变化最大的是凤凰城(FHC)，浓度升高了 0.3086mg/L；浓度变化最小的是西建大研高层(JGC)，升高了 0.0025mg/L。图 5.9(c)表明，5 月新鲜水和滞留水总铁浓度最大的是西光 35 街坊(XG)(分别为 0.5429mg/L 和 0.6959mg/L)；新鲜水总铁浓度最小的是西建大研高层(JGC)(0.0137mg/L)，滞留水总铁浓度最小的是群贤庄(QXZ)(0.0361mg/L)。

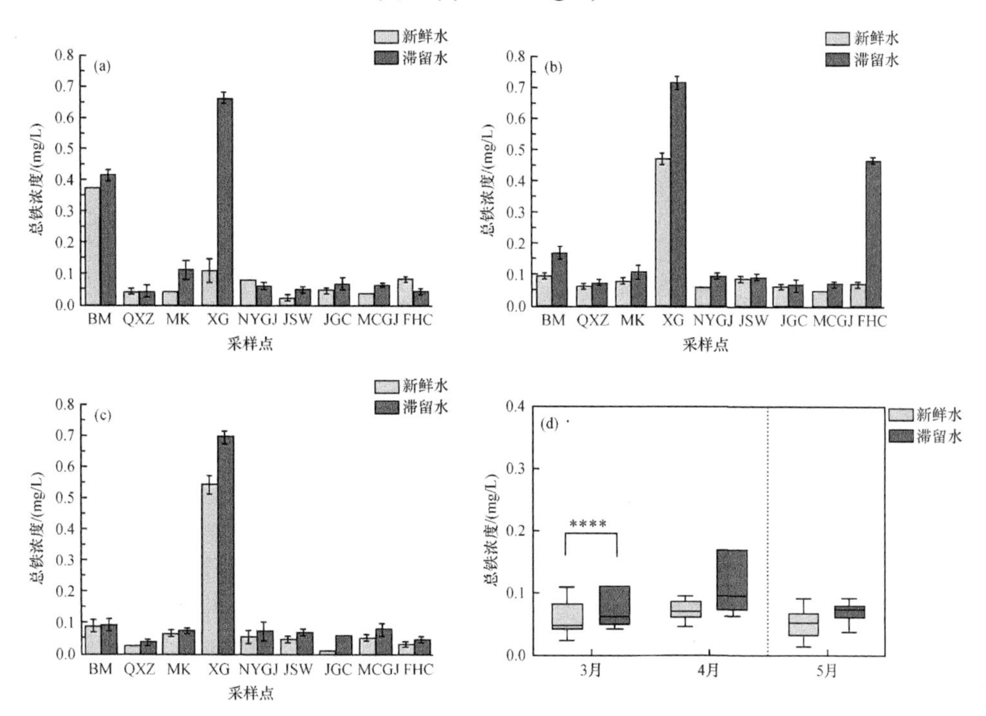

图 5.9　3～5 月新鲜水和滞留水总铁浓度的变化

(a) 3 月；(b) 4 月；(c) 5 月；(d) 差异检验

3～5 月滞留水与新鲜水总铁浓度整体变化如图 5.9(d)所示，各采样点水样总铁浓度在滞留后显著增加。大部分采样点的自来水符合标准要求，但西光 35 街坊

(XG)、3 月的白庙小区(BM)、4 月的凤凰城(FHC)严重超标。其中，3 月白庙小区(BM)采集的新鲜水中总铁浓度较大，可能是因为自来水厂的铁质输水管道老化，新鲜水在运输过程中总铁浓度增大，达到了 0.3748mg/L；4 月凤凰城(FHC)的滞留水总铁浓度为 0.47mg/L，是新鲜水总铁浓度的 5.78 倍，可能是因为该时间段采样点住户未在家中居住，管道中水体经过长时间滞留。据调查，西光 35 街坊(XG)建成于 2008 年，多为老旧建筑，在长期运输自来水的过程中，小区铁质管道难免受到腐蚀，自来水在过夜滞留后总铁浓度大幅提升。

5.3.9 总有机碳浓度变化规律

总有机碳(TOC)浓度是以碳的含量表示水中有机物的总量，饮用水中的 TOC 浓度越大，说明水中有机物含量越高，是评价水质有机污染的重要指标。我国《生活饮用水卫生标准》(GB 5749—2022)规定，饮用水中总有机碳浓度不得超过 5mg/L。

由图 5.10(a)可知，3 月新鲜水和滞留水 TOC 浓度最大的是凤凰城(FHC)(分别为 3.012 mg/L 和 3.142 mg/L)；新鲜水 TOC 浓度最小的是白庙小区(BM)(1.094 mg/L)，滞留水 TOC 浓度最小的是西光 35 街坊(XG)(1.197mg/L)。滞留前后 TOC 浓度变化最大的是曼城国际(MCGJ)，升高了 0.368mg/L；浓度变化最小的是南洋国际(NYGJ)，降低了 0.011mg/L。4 月新鲜水 TOC 浓度最大的是西建大研高层(JGC)(1.790mg/L)，最小的是曼城国际(MCGJ)(1.093mg/L)；滞留水 TOC 浓度最大的是凤凰城(FHC)(1.955mg/L)，浓度最小的是西光 35 街坊(XG)(1.144mg/L)。滞留前后 TOC 浓度变化最大的是凤凰城(FHC)，升高了 0.524mg/L[图 5.10(b)]。如图 5.10(c)所示，5 月各采样点新鲜水 TOC 浓度最高的是迈科星苑(MK)(2.435 mg/L)，滞留水浓度最大的是金水湾(JSW)(2.004mg/L)；新鲜水和滞留水 TOC 浓度最小的是西光 35 街坊(XG)(分别为 1.361mg/L 和 1.286mg/L)。滞留前后 TOC 浓度变化最大的是迈科星苑(MK)，降低了 0.726mg/L；浓度变化最小的是南洋国际(NYGJ)，减少了 0.044mg/L。

3～5 月各采样点 TOC 浓度整体变化如图 5.10(d)所示，新鲜水与滞留水的 TOC 平均浓度分别为 1.559mg/L 和 1.621mg/L、1.510mg/L 和 1.567mg/L、1.836mg/L 和 1.624mg/L，均未超过标准限值。3 月、4 月滞留水 TOC 平均浓度略大于新鲜水，5 月滞留水 TOC 平均浓度小于新鲜水，滞留前后 TOC 平均浓度并无显著性差异($P>0.05$)。凤凰城(FHC)采样点的 TOC 浓度高于其他采样点，这可能是因为 3 月、4 月其水源水库藻类大量繁殖，经给水处理厂沉淀、过滤和消毒等操作后释放藻类有机物，供水管网中 TOC 浓度较大；5 月管道中微生物在适宜温度下大量繁殖，滞留期间水体中的有机物被水中的微生物吸收利用，用于自身的生长和发育，总有机碳浓度下降。

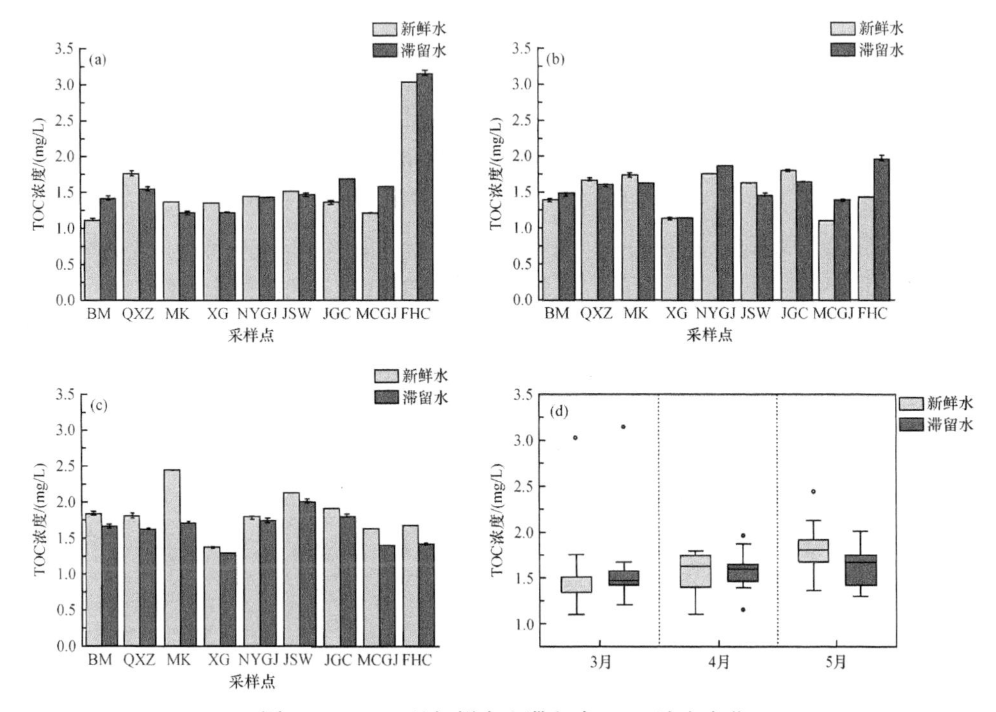

图 5.10　3～5 月新鲜水和滞留水 TOC 浓度变化

(a) 3 月；(b) 4 月；(c) 5 月；(d) 差异检验

5.4　滞留水体真菌的增殖特征

真菌作为一种独特的真核生物，在生活中随处可见，如作为食物的蘑菇、用于发酵的酵母菌、具有毒性的霉菌等。真菌对人类来说有利有弊，一方面酵母菌和青霉菌等有益真菌为人类饮食和医疗做出了重大的贡献，另一方面具有毒性的真菌可能会引发皮肤感染、过敏性肺炎等，危害人类身体健康。我国《生活饮用水卫生标准》(GB 5749—2022)中仅对饮用水菌落总数提出要求，所以真菌总数应当远远小于 100 CFU/mL。

3 月各采样点滞留水中真菌总数较新鲜水大幅增加，如图 5.11(a)所示。新鲜水中真菌总数最少的有西光 35 街坊(XG)、金水湾(JSW)和凤凰城(FHC)(均为 3CFU/100mL)，真菌总数最多的是南洋国际(NYGJ)(12CFU/100mL)；滞留水中真菌总数最少的是西建大研高层(JGC)(7CFU/100mL)，最多的有白庙小区(BM)和群贤庄(QXZ)(均为 21CFU/100mL)。滞留前后真菌总数增加最多的为西光 35 街坊(XG)(滞留前后真菌总数分别为 3CFU/100mL 和 20CFU/100mL)，增加最少的是西建大研高层(JGC)(滞留前后真菌总数分别为 4CFU/100mL 和 7CFU/100mL)。

如图 5.11(b)所示，4 月各采样点新鲜水中真菌总数经滞留后大幅增加，尤其是白庙小区(BM)(滞留前后真菌总数分别为 10CFU/100mL 和 52CFU/100mL)。新鲜水中真菌总数最少的为凤凰城(FHC)(2CFU/100mL)，真菌总数最多的是南洋国际(NYGJ)(15CFU/100mL)；滞留水中真菌总数最少的是凤凰城(FHC)(7CFU/100mL)，最多的为白庙小区(BM)(52CFU/100mL)。滞留前后真菌总数增加最多的为白庙小区(BM)(滞留前后真菌总数分别为 10CFU/100mL 和 52CFU/100mL)，增加最少的是南洋国际(NYGJ)(滞留前后真菌总数分别为 15CFU/100mL 和 16CFU/100mL)。如图 5.11(c)所示，5 月各采样点滞留水中真菌总数远高于新鲜水。新鲜水中真菌总数最少的有西光 35 街坊(XG)和金水湾(JSW)(均为 3CFU/100mL)，最多的是凤凰城(FHC)(13CFU/100mL)；滞留水中真菌总数最少的有西光 35 街坊(XG)和金水湾(JSW)(均为 7CFU/100mL)，最多的是凤凰城(FHC)(35CFU/100mL)。滞留前后真菌总数增长最多的为凤凰城(FHC)(滞留前后真菌总数分别为 13CFU/100mL 和 35CFU/100mL)，增加最少的有西光 35 街坊(XG)和金水湾(JSW)(滞留前后真菌总数分别为 3CFU/100mL 和 7CFU/100mL)。

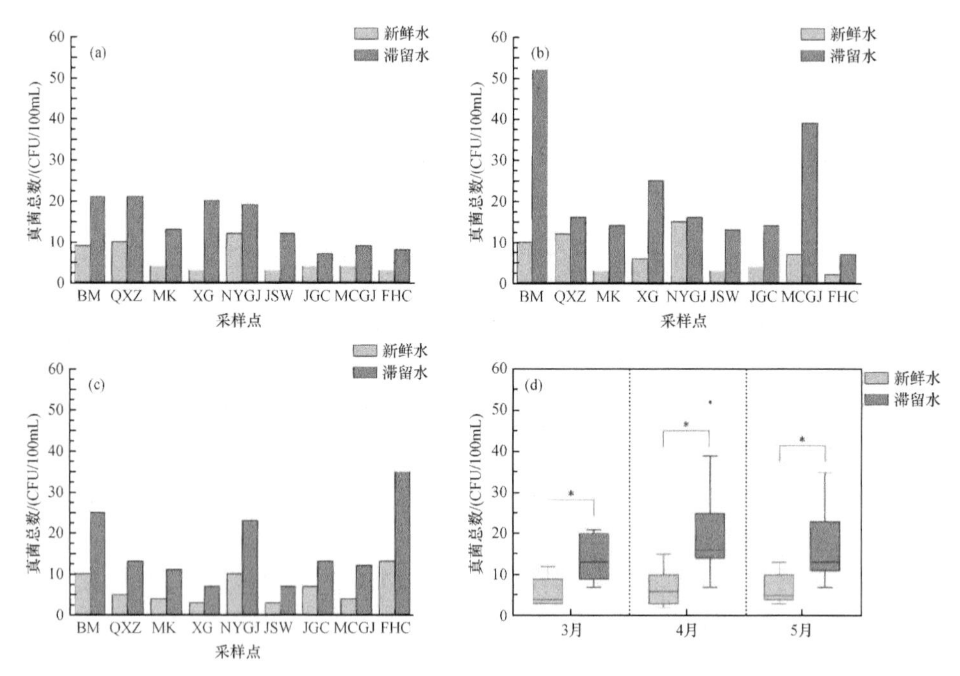

图 5.11　3～5 月新鲜水和滞留水真菌总数变化

(a) 3 月；(b) 4 月；(c) 5 月；(d) 差异检验

3～5 月新鲜水与滞留水真菌总数分别为 5.78CFU/100mL 和 14.44CFU/100mL、6.89CFU/100mL 和 21.78CFU/100mL、6.56CFU/100mL 和 16.22CFU/100mL，远远

低于标准限值。3～5 月滞留后真菌总数显著增加($P < 0.05$)，分别增加了 1.50 倍、2.16 倍、1.47 倍。4 月出现了 1 个处于较高水平的异常点，这可能是因为该点来自二次供水点。

5.5　各水质指标的相关性分析

新鲜水与滞留水基本水质指标与真菌总数相关性如图 5.12 所示。pH、自由性余氯浓度和总余氯浓度都与温度呈现负相关关系，且这种关系与滞留无关。温度升高时，水中电离出的氢离子浓度升高，pH 降低；同时，温度升高会加速水中自由性余氯和总余氯的消解，导致自由性余氯和总余氯浓度降低。滞留前后，水体中硝氮浓度与温度呈正相关关系，温度越高，硝氮浓度越高。这是因为饮用水中硝氮的来源主要是硝化微生物转化水中氨和亚硝氮，而硝化微生物的最适宜温度约为 25℃，所以在一定温度范围内，温度升高提高了硝化微生物的转化速率，硝氮浓度升高。另外，总氮和硝氮浓度升高，导致水中氢离子浓度相应增加，pH 降低。pH 降低导致饮用水对管道的腐蚀性增加，铁质管道释放铁总量增加，这与滞留前后总铁浓度与总氮浓度、硝氮浓度、氨(以 N 计)浓度的正相关关系相符合。

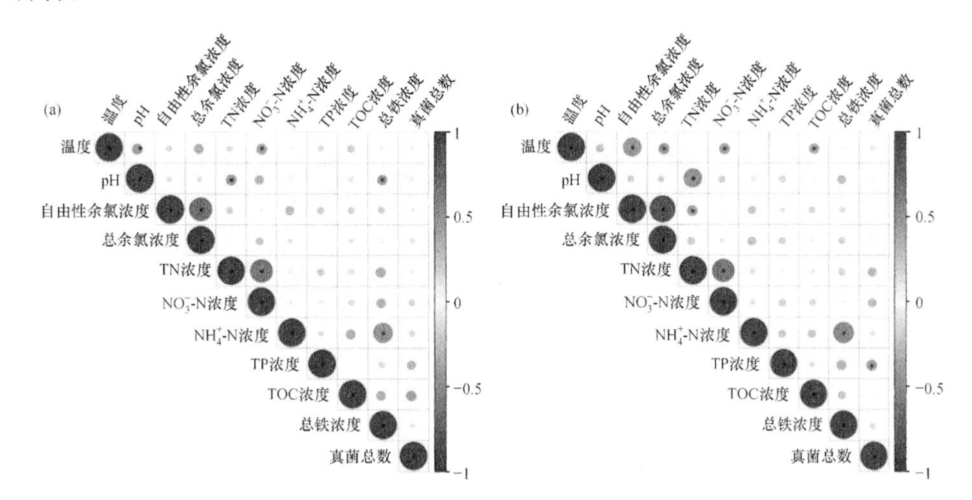

图 5.12　基本水质指标与真菌总数相关性

(a) 新鲜水；(b) 滞留水

滞留前水体中自由性余氯和总余氯浓度与真菌总数呈负相关，而滞留后相关性大幅降低，这是因为真菌具有很强的抗逆性，氯消毒无法有效清除水中的真菌，而且滞留后余氯的消解对真菌总数的影响很小。滞留前，真菌总数与 TOC 浓度呈负相关，这可能是因为水中的其他微生物如细菌等抢占了真菌的生长空间，TOC 浓度越大，细菌等生长越快，影响了真菌的生长发育和繁殖。

5.6 本 章 小 结

(1) 滞留后各采样点饮用水水质均恶化，其中自由性余氯浓度在经过滞留后显著降低，3～5 月新鲜水和滞留水的余氯平均浓度分别为 0.167mg/L 和 0.074mg/L、0.155mg/L 和 0.050mg/L、0.144mg/L 和 0.044mg/L。各采样点水样总铁浓度在滞留后显著增加，大部分采样点的自来水符合标准要求，XG、BM 和 FHC 超标严重。

(2) 3～5 月新鲜水与滞留水中真菌总数分别为 5.78CFU/100mL 和 14.44CFU/100mL、6.89CFU/100mL 和 21.78CFU/100mL、6.56CFU/100mL 和 16.22CFU/100mL，远远低于标准限值。3～5 月滞留后真菌总数显著增加($P < 0.05$)，分别增长了 1.50 倍、2.16 倍、1.47 倍。

(3) 新鲜水中自由性余氯和总余氯浓度与真菌总数呈负相关，滞留后相关性降低；滞留水中 TP 浓度与真菌总数呈显著正相关。

参 考 文 献

胡代花, 张嘉昕, 李翠丽, 等, 2017. 超声辅助提取金针菇中麦角甾醇及其 HPLC 测定方法[J]. 食品工业科技, 38(23): 192-197.

黄廷林, 赵建超, 文刚, 等, 2016. 臭氧–氯顺序灭活地下水源水中真菌的效能[J]. 环境工程学报, 10(9): 4691-4697.

刘成, 曾德才, 高育明, 等, 2014. 二次供水突发水污染事件案例分析[J]. 环境卫生学杂志, 4(5): 461-467.

苗义龙, 2016. 给水管网生物膜微生物多样性及颗粒物对生物膜的影响研究[D]. 厦门: 华侨大学.

谈立峰, 褚苏春, 惠高云, 等, 2018. 1996—2015 年全国生活饮用水污染事件初步分析[J]. 环境与健康杂志, 35(9): 827-830.

王薇, 2015. 管道特征对实际供水管网生物膜微生物种群多样性的影响研究[D]. 杭州: 浙江大学.

王钰, 刘明坤, 苗小草, 等, 2019. 城市供水系统对水中真菌数量和群落结构的影响[J]. 微生物学通报, 46(1): 20-28.

文刚, 吴戈辉, 万琪琪, 等, 2022. 丝状真菌——城镇供水系统生物风险和安全保障的新挑战[J]. 净水技术, 41(3): 1-11,19.

文刚, 朱红, 黄廷林, 等, 2016. 氯灭活地下水源中 3 种优势真菌的效能与机制[J]. 环境科学, 37(11): 4228-4234.

徐航, 2021. 吉林西部洋沙泡水库铁元素来源解析及迁移试验研究[D]. 长春: 长春工程学院.

徐磊, 2020. 滞留诱导室内饮用水管道细菌增殖特征[D]. 西安: 西安建筑科技大学.

严心涛, 吴云良, 查巧珍, 等, 2020. 流式细胞术在饮用水微生物检测中的应用及挑战[J]. 中国给水排水, 36(22): 89-95.

叶萍, 申屠华斌, 陈环宇, 等, 2017. 滞流工况下管网水中微生物群落对铁释放的影响[J]. 中国环境科学, 37(12):

4578-4584.

臧蓓, 2021. 饮用水加热过程中电还原削减硝酸盐氮的实验研究[D]. 西安: 西安建筑科技大学.

赵典, 2019. 管道腐蚀产物活化过一硫酸盐/氯离子体系灭活地下水中典型真菌的效能与机制[D]. 西安: 西安建筑科技大学.

赵建超, 2016. 复合污染地下水供水系统中丝状真菌控制研究[D]. 西安: 西安建筑科技大学.

朱红, 2017. 紫外及紫外联合灭活地下水供水系统中真菌效能及机理研究[D]. 西安: 西安建筑科技大学.

AL-GABR H M, ZHENG T, YU X, 2014. Occurrence and quantification of fungi and detection of mycotoxigenic fungi in drinking water in Xiamen City, China[J]. Science of the Total Environment, 466-467: 1103-1111.

BANDH S A, KAMILI A N, GANAI B A, et al., 2016. Opportunistic fungi in lake water and fungal infections in associated human population in Dal Lake, Kashmir[J]. Microbial Pathogenesis, 93: 105-110.

BÉDAERD E, LAFFERRIÈRE C, DÉZIEL E, et al., 2018. Impact of stagnation and sampling volume on water microbial quality monitoring in large buildings[J]. PLoS One, 13(6): e0199429.

CHAN S, PULLERITS K, KEUCKEN A, et al., 2019. Bacterial release from pipe biofilm in a full-scale drinking water distribution system[J]. NPJ Biofilms Microbiomes, 5(9): 1-8.

COCKBURN A, BRAMBILLA G, FERANDEZ M L, et al., 2013. Nitrite in feed: From animal health to human health[J]. Toxicology and Applied Pharmacology, 270(3): 209-217.

DIAS V C F, DURAND A A, CONSTANT P, et al., 2019. Identification of factors affecting bacterial abundance and community structures in a full-scale chlorinated drinking water distribution system[J]. Water, 11: 627.

DION-FORTIER A, RODRIGUEZ M J, SÉRODES J, et al., 2009. Impact of water stagnation in residential cold and hot water plumbing on concentrations of trihalomethanes and haloacetic acids[J]. Water Research, 43: 3057-3066.

GRABIŃSKA -ŁONIEWSKA A, KONIŁŁOWICZ-KOWALSKA T, WARDZYŃSKA G, et al., 2007. Occurrence of fungi in water distribution system[J]. Polish Journal of Environmental Studies, 16(4): 539-547.

HAGESKAL G, GAUSTAD P, HEIER B T, et al., 2007. Occurrence of moulds in drinking water[J]. Journal of Applied Microbiology, 102(3): 774-780.

INKINEN E, KAUNISTO T, PURSIAINEN A, et al., 2014. Drinking water quality and formation of biofilms in an office building during its first year of operation, a full scale study[J]. Water Research, 49(1): 83-91.

JI P, RHOADS W J, EDWARDS M A, et al., 2017. Impact of water heater temperature setting and water use frequency on the building plumbing microbiome[J]. The ISME Journal, 11: 1318-1330.

LING F Q, WHITAKER R, MARK W L, et al., 2018. Drinking water microbiome assembly induced by water stagnation[J]. The ISME Journal, 12: 1520-1531.

MASTERS S, WANG H, PRUDEN A, et al., 2015. Redox gradients in distribution systems influence water quality, corrosion, and microbial ecology[J]. Water Research, 68: 140-149.

NGUYEN C, ELFLAND C, EDWARDS M, 2012. Impact of advanced water conservation features and new copper pipe on rapid chloramine decay and microbial regrowth[J]. Water Research, 46: 611-621.

PEREIRA V J, FERNANDES D, CARVALHO G, et al., 2010. Assessment of the presence and dynamics of fungi in drinking water sources using cultural and molecular methods[J]. Water Research, 44(17): 4850-4859.

PREST E I, El-CHAKHTOURA J, HAMMES F, et al., 2014. Combining flow cytometry and 16S rRNA gene pyrosequencing: A promising approach for drinking water monitoring and characterization[J]. Water Research, 63: 179-189.

SARIN P, SNOYINK V L, LYTLE D A, et al., 2004. Iron corrosion scales: Model for scale growth, iron release, and colored water formation[J]. Journal of Environmental Engineering, 130(4): 365-373.

ZHANG H H, XU L, HUANG T L, et al., 2021. Combined effects of seasonality and stagnation on tap water quality: Changes in chemical parameters, metabolic activity and co-existence in bacterial community[J]. Journal of Hazardous Materials, 403: 124018.

ZLATANOVIĆ L, VAN DER HOEK J P, VREEBURG J H G, 2017. An experimental study on the influence of water stagnation and temperature change on water quality in a full-scale domestic drinking water system[J]. Water Research, 123: 761-772.

第 6 章　藻类有机物对饮用水水质及细菌增殖的影响

饮用水水库随着运行时间的增加会发生富营养化和藻类暴发，已经成为全球需要共同面对的挑战(Pivokonsky et al.，2015)。夏季水源水库藻类暴发具有突发性、不可控的特点，这给后续水厂处理增加了难度。藻类暴发过程中藻细胞分泌或藻细胞破碎均会释放藻类有机物(algal organic matter，AOM)，水厂的运转并不能完全去除这些有机物，这些有机物进入配水管网系统为细菌的再生提供了营养物质。虽然天然有机物(natural organic matter，NOM)对室内管道水体细菌生态的影响已经有了广泛的研究，但是 AOM 的侵入对水质化学参数及微生态的影响尚未可知。因此，本章提取两种水库常见的藻类(铜绿微囊藻和栅藻)有机物，研究其对室内供水管道滞留水体水质及微生态的影响，以期为突发藻类污染下室内饮用水安全防护提供理论依据。

6.1　实 验 方 法

1) 反应器与实验设计

在探究 AOM 对室内管道滞留水体水质及细菌种群结构特征影响的研究中，模拟室内供水管道相同规格及材质制作一组镀锌管道(DN40)。在新鲜饮用水体中加入 AOM，控制初始 TOC 浓度为 5.0mg/L ± 0.3mg/L。将含有 AOM 的饮用水加入管道反应器中，控制滞留时间分别为 0h、6h、12h、18h、24h、48h、72h、96h、120h，定时用 2L 经灭菌处理的玻璃瓶取样 1.5L，对其生物化学指标进行检测。

2) 藻的培养及藻类有机物的提取

藻种培养：选取铜绿微囊藻(*Microcystis*)和栅藻(*Scenedesmus*)作为实验对象。铜绿微囊藻藻种购自中国科学院水生生物研究所，编号为 FACHB-912；栅藻藻种筛选自西安市某饮用水水源水库。将藻种分别培育于 BG11 液体培养基并放置于光照培养箱中，设置温度为 25℃，设置光照条件：光照强度为 2400lx，光照时间：黑暗时间为 12h：12h。在培养过程中随机移动锥形瓶位置以保证光照均匀，同时每天定时摇晃锥形瓶防止藻类沉淀。在光照培养箱中将藻细胞培养至暴发期(5 L)，用于后续实验。

藻类有机物提取：将藻液于 8000r/min 下离心 15min，取其上清液过 0.22μm 滤膜后得到胞外有机物。将离心所得的藻细胞使用 0.8% NaCl 溶液清洗两次后于

8000r/min 离心 10min。取离心所得藻细胞于离心管中，加入 1～2mL 无菌水，于 –20℃与 37℃下冻融三次，冻融时间分别为 2h 和 20min。而后利用超声细胞破碎机于 60%功率下将冻融后的藻细胞破碎 15min，将破碎后的细胞液过 0.22μm 滤膜得到胞内有机物，将胞外有机物与胞内有机物混合即得藻类有机物。

3) 滞留水细菌种群结构测定

采用全长 16S rRNA 基因测序技术对样品中细菌种群结构进行测定。每个采样点取 1L 水样用于提取水样中的 DNA，将 1L 水样通过 0.22μm 聚碳酸酯滤膜进行过滤，将滤膜保存于 10mL 离心管中，并于–20℃冷冻储存。使用试剂盒提取样品中的微生物 DNA。通过 PCR 扩增法对样品中细菌 16S rRNA 基因进行扩增，全长测序引物为 27F(5′-AGRGTTYGATYMTGGCTCAG-3′) 和 1492R (5′-RGYTACCTTGTTACGACTT-3′)。扩增的具体步骤：95℃持续 2min，95℃、30s 进行 27 个循环，55℃ 30s，72℃ 60s，最后在 72℃下持续 5min。混合 4μL 缓冲液、2μL 脱氧核糖三磷酸(dNTP)、0.8μL 引物、0.4μL 聚合酶和 10ngDNA 模板后进行 PCR 反应，一式三份。随后，使用凝胶提取试剂盒从 2%琼脂糖凝胶中提取和纯化扩增物。测序工作在凌恩生物科技有限公司完成。最终测序数据上传至 NCBI 数据库，上传序列号为 PRJNA 756799。

6.2　滞留水水质参数分析

6.2.1　余氯浓度变化特征

总余氯浓度随着滞留时间的增加呈持续下降趋势。空白组从 0.27mg/L 降至 48h 的 0.07mg/L；在含有 AOM 的饮用水中，滞留 48h 之后铜绿组(MG)与栅藻组(SG)均降至 0.05mg/L 以下。相较于空白组(0.12mg/L)，加入 AOM 后自由性余氯浓度明显下降(0.06mg/L)，并且在滞留 6h 后自由性余氯浓度已经衰减至《生活饮用水卫生标准》(GB 5749—2022)规定的管网末梢余氯浓度限值(0.05mg/L)以下；滞留 12h 之后，空白组与加入 AOM 组的自由性余氯浓度均降至 0.02mg/L 以下并趋于稳定(图 6.1)。此结果表明，AOM 加速了自由性余氯的衰减。

余氯是控制管道饮用水微生物繁殖、保障饮用水水质安全的重要因素。过去的研究表明，温度、滞留时间、pH、金属腐蚀和有机物都对余氯的衰减具有一定作用(Sorensen et al., 2020; Bautista-de Los Santos et al., 2019; Lautenschlager et al., 2010; Deborde et al., 2008; Ndiongue et al., 2005)。Ndiongue 等(2005)的研究表明，在添加有机物的水中，温度与控制生物膜所需的游离氯残留量之间存在较强的线性关系。在 6℃时，有机物的补充显著增加了控制生物膜所需的游离氯残留水平。Cl 与有机物结合生成常见的三氯甲烷(THM)等多种消毒副产物(Hua

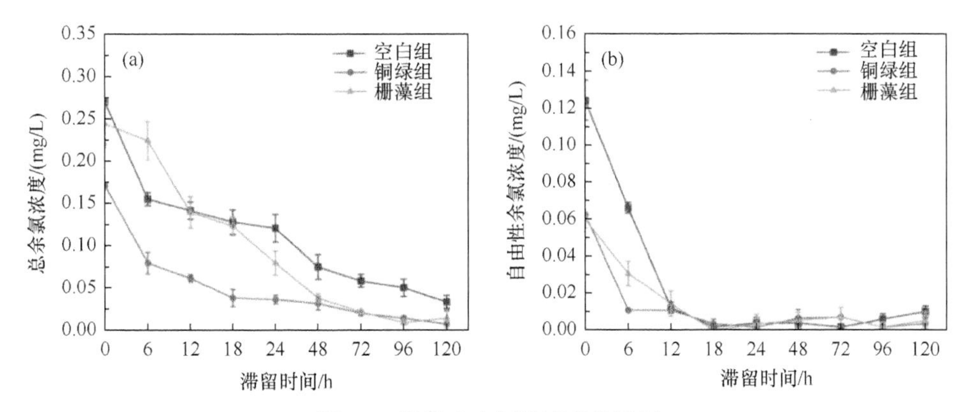

图 6.1　滞留水中氯浓度变化特征

(a) 总余氯浓度；(b) 自由性余氯浓度

et al., 2019)。

6.2.2　氮浓度变化特征

TN 浓度、NO_3^--N 浓度、NH_4^+-N 浓度和 NO_2^--N 浓度随滞留时间变化规律分别如图 6.2(a)、(b)、(c)和(d)所示。由图可知，加入藻类有机物后，TN 浓度、NO_3^--N

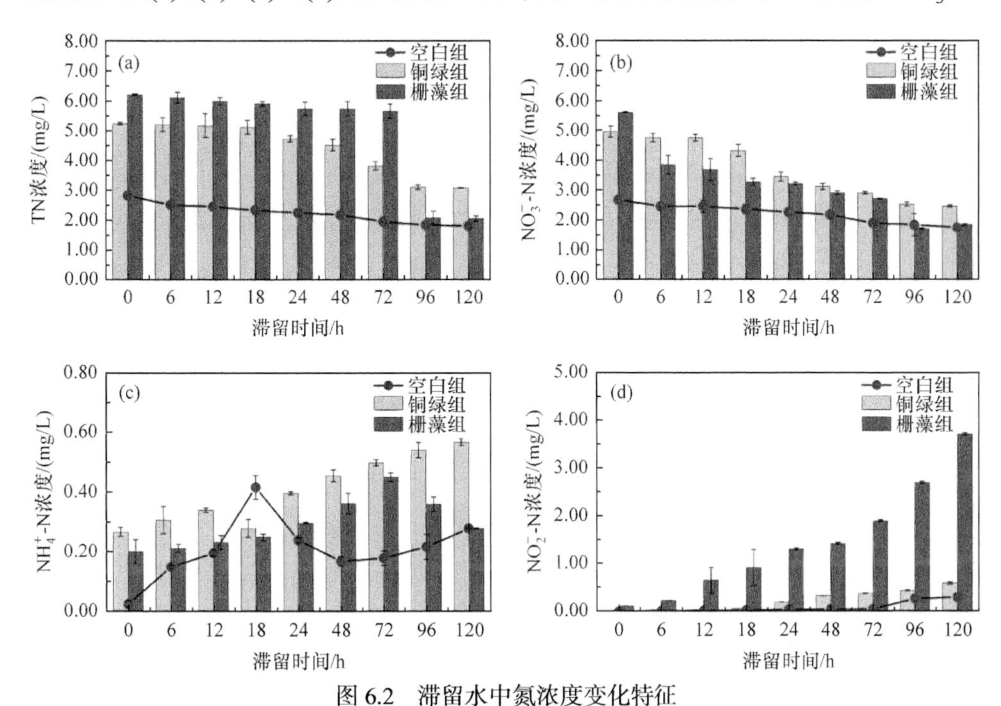

图 6.2　滞留水中氮浓度变化特征

(a) TN 浓度；(b) NO_3^--N 浓度；(c) NH_4^+-N 浓度；(d) NO_2^--N 浓度

浓度、NH_4^+-N 浓度和 NO_2^--N 浓度明显增加，MG 组与 SG 组存在差异。0h 时，MG 组 TN 浓度(5.23mg/L)与 NO_3^--N 浓度(4.95mg/L)均小于 SG 组的 TN 浓度(6.20 mg/L)与 NO_3^--N (5.61mg/L)浓度；MG 组的 NH_4^+-N 浓度大于 SG 组，分别为 0.27mg/L 和 0.20mg/L；空白组 NO_2^--N 未检出，MG 组和 SG 组 NO_2^--N 浓度分别为 0.02mg/L 和 0.28mg/L。

随着滞留时间的延长，空白组与实验组 TN 浓度与 NO_3^--N 浓度均呈现下降的趋势。当滞留时间< 72h，SG 组的 TN 浓度略有下降，72h 之后 TN 浓度骤减至与空白组相当，而 MG 组 TN 浓度滞留 120h 之后高于空白组与 SG 组。NO_3^--N 浓度与 TN 浓度相似，滞留 120h 之后 MG 组高于空白组与 SG 组。相较于 0h，滞留 120h 后空白组、MG 组和 SG 组的 NO_3^--N 浓度分别降低了 34.30%、50.00%和 66.94%。空白组 NH_4^+-N 浓度在 18h 之前浓度升高并达到峰值(0.42mg/L)，18h 之后 NH_4^+-N 浓度下降，24h 之后趋于稳定。MG 组的 NH_4^+-N 浓度随滞留时间增加而持续增加，120h 达到 0.56mg/L，相较于 0h 增加了 117.78%。SG 组的 NH_4^+-N 浓度随滞留时间增加而增加，于 72h 达到峰值(0.45mg/L)，72h 之后 NH_4^+-N 浓度开始下降。三组 NO_2^--N 浓度均随滞留时间增加而增加，空白组、MG 组和 SG 组 120h 的 NO_2^--N 浓度分别为 0.30mg/L、0.59mg/L 和 3.71mg/L，MG 组和 SG 组的 NO_2^--N 浓度分别增长为 0h 的 29.5 倍和 13.3 倍。

供水管道系统中广泛分布着硝化细菌及反硝化细菌(Golaki et al.，2022；Rezvani et al.，2020)。滞留前期氨化细菌占主导，使得饮用水中的有机氮转化为 NH_4^+-N，NH_4^+-N 浓度在 18h 达到峰值。此时 NO_2^--N 已经开始积累，这可能是因为硝化细菌及亚硝化细菌开始占主导。在整个滞留过程中，TN 浓度与 NO_3^--N 浓度持续下降，这可能是因为反硝化细菌的作用(刘扬阳等，2016)。余健等(2009)研究了供水管道中的硝化作用与氯化作用的影响，结果表明，氯化作用会对管道中的反硝化作用进行抑制，但不能完全消除；当管道饮用水水温在 30℃时存在明显的 NO_2^--N 积累现象，在 5d 的停留时间里，管道饮用水的 NO_2^--N 浓度呈先增加后减小的趋势。饮用水在管道滞留期间，部分功能微生物可以将蛋白质分解为氨氮，并通过硝化细菌作用转化为 NO_3^--N 和 NO_2^--N，释放硝酸盐还原酶，硝酸盐还原酶作用于硝酸盐使其还原为亚硝酸盐，促进了亚硝酸盐的积累(汪洪涛，2011)。流行病学研究表明，NO_2^--N 具有致癌性，对新生儿健康有严重影响(Golaki et al.，2022)。因此，需要加强对滞留过程中 NO_2^--N 浓度增加的关注。

6.2.3　总磷浓度、总铁浓度和总有机碳浓度变化特征

由图 6.3(a)可知，空白组和实验组 TP 浓度均呈下降趋势。0h 时，空白组、MG 组和 SG 组的 TP 浓度分别为 0.03mg/L、0.11mg/L 和 0.12mg/L，滞留 48h 后趋于平稳，此时浓度分别为 0.02mg/L、0.02mg/L 和 0.01mg/L。藻类有机物包含丰富的磷元素，磷是参与微生物生长代谢的基本元素之一，微生物对磷的吸收会造成 TP 浓度降低。空白组中 TP 浓度较低，对微生物的影响并不明显。Zhang 等(2021a)的研究表明，过夜滞留 7h 以后饮用水中 TP 浓度变化不显著。管道铁基材料对 P 的吸附作用也是饮用水中 TP 浓度下降的重要原因之一(Wang et al., 2021)。

由图 6.3(b)可知，空白组和实验组 TOC 浓度随滞留时间下降。120h 时，空白组、MG 组和 SG 组的 TOC 浓度分别为 0.375mg/L、2.175mg/L 和 2.361mg/L，比 0h 下降了 82.66%、53.97%和 55.35%。AOM 成分复杂，包括蛋白质、脂质、多糖、游离氨基酸、核酸、藻毒素、嗅味有机物等，具有高度异质性(左延婷等，2021)。由图 6.3(c)可知，空白组与实验组中总铁浓度均随滞留时间增加而显著增大，空白组、MG 组和 SG 组滞留 120h 时总铁浓度分别为 0.16mg/L、0.21mg/L 和 0.18mg/L，并未超过国家标准。Yang 等(2014)研究表明，总铁浓度增加会导致饮用水体产生嗅味及色度恶化。另外，供水管道中铁细菌会在高 Fe 浓度下大量繁殖，使水体更加浑浊(邓梅光等，2019)。对比分析空白组与 MG 组、SG 组数据得出，AOM 的加入在滞留 48h 之前对 Fe 的释放起到抑制作用，而 72h 之后并无显著差异。Wang 等(2021)的研究表明，有机物对铁质材料中的 Fe 具有稳定作用，这可能是由于有机物促进了可能与 Fe 代谢相关的细菌富集，包括拟杆菌属(*Bacteroides*)和甲烷八叠球菌属(*Methanosarcina*)。

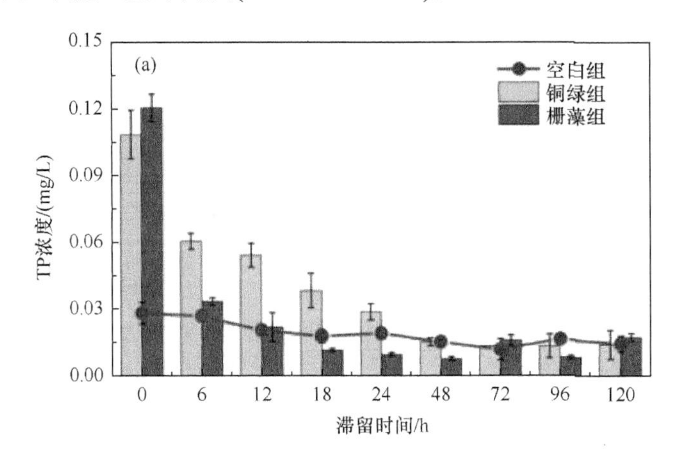

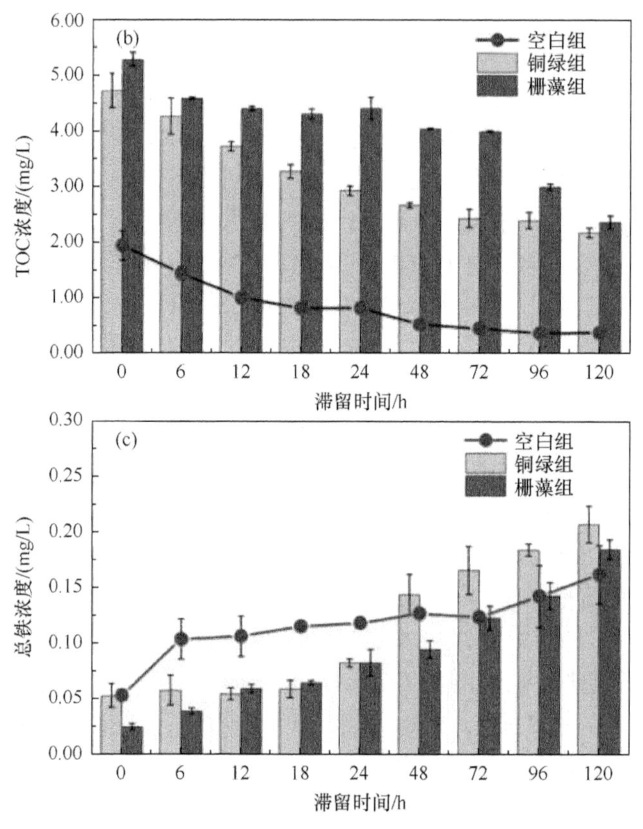

图 6.3　滞留水水质参数变化特征

(a) TP 浓度；(b) TOC 浓度；(c) 总铁浓度

6.3　滞留水细菌生物量和生物活性分析

6.3.1　滞留水细胞总数和 ATP 浓度

图 6.4(a)和(b)分别为空白组和含 AOM 饮用水实验组的平板计数变化规律。三组实验均呈现出随滞留时间增加平板计数先增后减的变化趋势，空白组在滞留 12h 时达到峰值，MG 组在 18h 达到峰值，SG 组在 24h 达到峰值，分别为 1541CFU/mL、52500CFU/mL 和 44000CFU/mL。滞留后平板计数始终超过《生活饮用水卫生标准》(GB 5749—2022)限值(100CFU/mL)。空白组与实验组饮用水随滞留时间平板计数过程如图 6.5～图 6.7 所示。本章结果与 Lautenschlager 等(2010)的研究结果相似，过夜滞留后饮用水细菌平板计数达到 8300CFU/mL。空白组与实验组的平板计数均出现了先增加后减少的现象，这可能是因为经过一段时间的滞留之后，饮用水中的有机物及其他元素被快速消耗，从而限制了细菌的再生。

Liang 等(2021)研究了海洋中细菌对藻类有机物的响应，发现平板计数在 24h 达到峰值，下降至 48h 后趋于平稳。

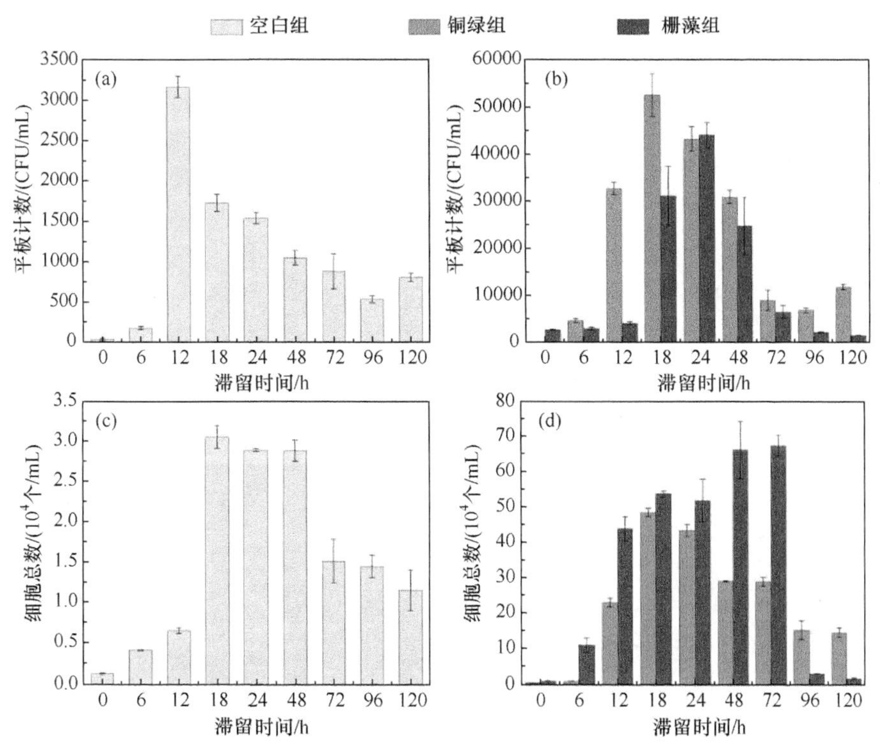

图 6.4　细菌平板计数与细菌细胞总数随滞留时间的变化

(a) 空白组平板计数；(b)铜绿组和栅藻组平板计数；(c) 空白组细胞总数；(d) 铜绿组和栅藻组细胞总数

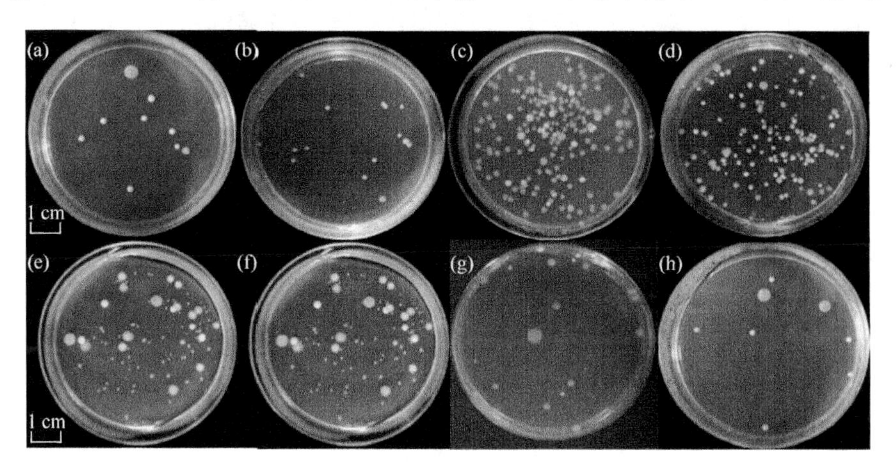

图 6.5　空白组饮用水随滞留时间平板计数过程

(a)～(h)分别表示滞留时间为 6h、12h、18h、24h、48h、72h、96h、120h

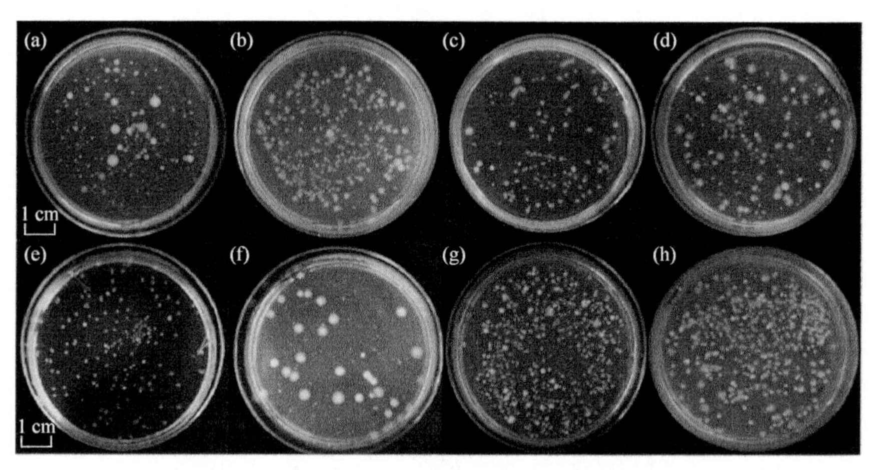

图 6.6　MG 组饮用水随滞留时间平板计数过程

(a)~(h)分别表示滞留时间为 6h、12h、18h、24h、48h、72h、96h、120h

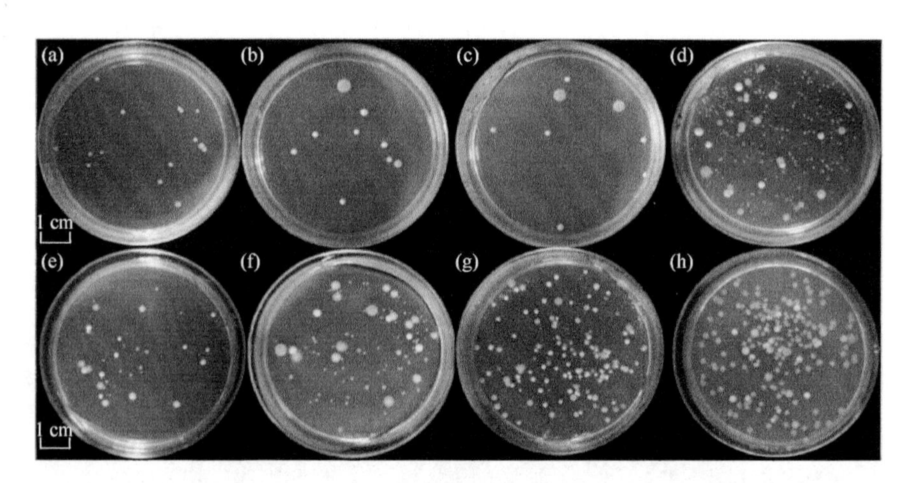

图 6.7　SG 组饮用水随滞留时间平板计数过程

(a)~(h)分别表示滞留时间为 6h、12h、18h、24h、48h、72h、96h、120h

流式细胞仪检测的细胞总数包括可培养细胞数与不可培养细胞数。流式细胞仪检测结果如图 6.4 所示，空白组中细菌细胞总数随滞留时间变化由 0h 的 0.12×10^4 个/mL 增至 18h 的 3.05×10^4 个/mL，随后滞留 48h 细胞总数开始下降。MG 组的细菌细胞总数由 0h 的 0.41×10^4 个/mL 增至 18h 达到峰值(48.39×10^4 个/mL)，120h 降至 14.47×10^4 个/mL。SG 组的细菌细胞总数由 0h 的 0.86×10^4 个/mL 增至 72h 达到峰值(67.27×10^4 个/mL)，120h 降至 1.43×10^4 个/mL。Zlatanović 等(2017)的研究指出，冬季滞留水体中完整细胞数(intact cell count，ICC)随着滞留时间先增加后减少，滞留 48h 时 ICC 达到峰值。Lesaulnier 等(2017)对包装后不同时间段的瓶装饮用水中微生物数进行研究，结果发现在包装后的前 6d 细菌数显著增加，6d 之后增速缓慢，同时提出了单个细菌通过同时消耗不同溶解性有机物分子来应对不良营养条件。有机物浓度是限制细菌生长的必要条件(Liang et al.，2021)。有机物的添加消耗了饮用水中控制微生物的自由性余氯，这使得饮用水中的微生物在滞留前期可以快速再生。

图 6.8(a)和(b)分别为滞留水中细菌总 ATP 浓度和胞内 ATP 浓度的变化。总 ATP 浓度和胞内 ATP 浓度均呈现出随滞留时间增加先增加后减小的趋势。空白组总 ATP 浓度从 4.10×10^{-12}gATP/mL 增至 24h 的 20.24×10^{-12}gATP/mL，随后降至 120h 的 2.37×10^{-12}gATP/mL，与前人报道基本一致(Zhang et al.，2021a，2021b；Lesaulnier et al.，2017；Lautenschlager et al.，2010)。MG 组饮用水中总 ATP 浓度从 0h 的 9.89×10^{-12}gATP/mL 增至 18h 的 21.79×10^{-12}gATP/mL，随后降至 120h 的 6.19×10^{-12}gATP/mL。SG 组饮用水中总 ATP 浓度从 0h 的 1.34×10^{-12}gATP/mL 增至 18 h 的 38.87×10^{-12}gATP/mL，随后降至 120 h 的 7.78×10^{-12}gATP/mL。

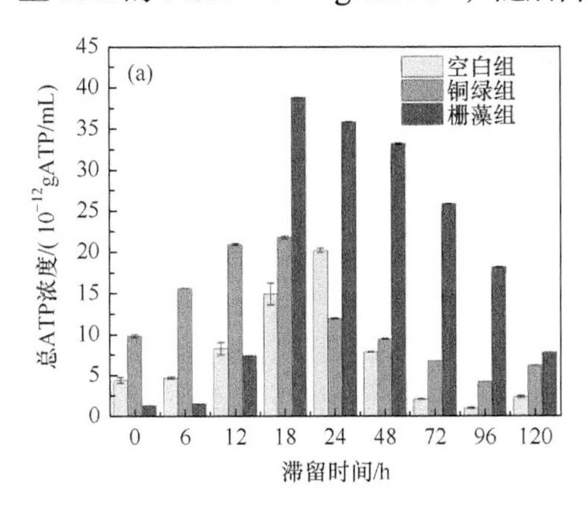

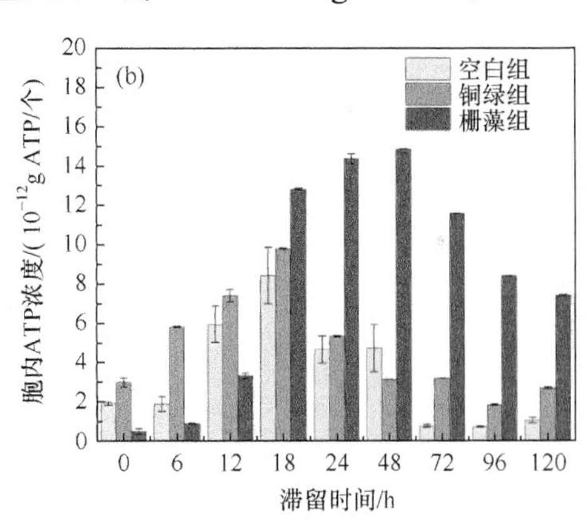

图 6.8　滞留水中细菌 ATP 浓度变化

(a) 细菌总 ATP 浓度；(b) 细菌胞内 ATP 浓度

空白组中胞内 ATP 浓度从 1.91×10^{-12}gATP/个增至 18h 的 8.41×10^{-12}gATP/个，随后降至 120h 的 1.04×10^{-12}gATP/个。MG 组饮用水中胞内 ATP 浓度从 0h 的 2.98×10^{-12}gATP/个增至 18h 的 9.77×10^{-12}gATP/个，随后降至 120h 的 2.67×10^{-12}gATP/个。SG 组饮用水中胞内 ATP 浓度从 0h 的 0.48×10^{-12}gATP/个增至 48h 的 14.45×10^{-12}gATP/个，随后降至 120h 的 7.40×10^{-12}gATP/个。由此可见，在藻类有机物的作用下，饮用水中总 ATP 浓度显著增加，并且 SG 组的总 ATP 浓度与胞内 ATP 浓度均大于 MG 组。过去的研究指出，滞留之后细菌总 ATP 浓度和胞内 ATP 浓度均存在增加的现象(Zhang et al.，2021a，2021b；Lautenschlager et al.，2010)。滞留期间胞内 ATP 浓度增加说明滞留过程中可能

存在从低核酸细菌向高核酸细菌的转化，在滞留后期细菌细胞可能为了应对外界环境对自身进行调节。

6.3.2 滞留水细菌碳源代谢活性

利用 BIOLOG 技术分析滞留 120h 空白组与实验组微生物的碳源代谢能力，如图 6.9 所示，空白组、MG 组和 SG 组的 $AWCD_{590nm}$ 随反应时间持续增大，反应 240h 后 $AWCD_{590nm}$ 分别为 0.32、1.10 和 1.03。总的来说，加入 AOM 对饮用水中微生物代谢活性具有强烈的刺激作用，但 SG 组与 MG 组差异并不明显。

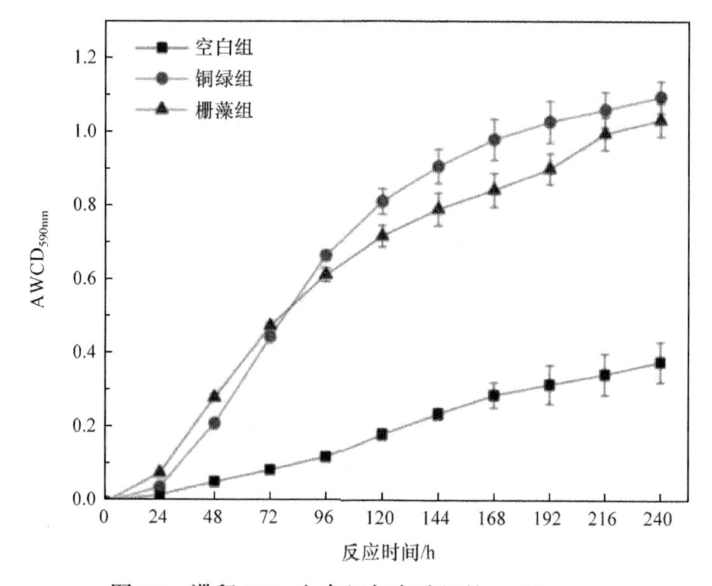

图 6.9 滞留 120h 空白组与实验组的 $AWCD_{590nm}$

不同组微生物对碳源的偏好存在差异。空白组中最易被利用的碳源是 *D*-半乳糖酸-*γ*-内酯和丙酮酸甲酯；MG 组和 SG 组可以利用大部分碳源，MG 组中肝糖、*D*,*L*-*α*-甘油、苯乙基胺和 *D*-半乳糖醛酸不易被利用，SG 组中细菌对丙酮酸甲酯、*D*-半乳糖酸-*γ*-内酯、*D*-氨基葡萄糖酸、衣康酸和 *α*-丁酮酸的利用能力弱。总体来说，空白组利用醇类碳源的能力较强。藻类有机物的加入提高了滞留水体中细菌对碳源的利用能力，且不同碳源的利用程度存在差异。另外，添加栅藻有机物导致细菌对醇类物质的利用能力变弱。

对空白组、MG 组和 SG 组细菌单一碳源代谢进行主成分分析，结果如图 6.10 所示，空白组、MG 组和 SG 组中细菌单一碳源代谢特征有明显差异。空白组与主成分 1 呈负相关关系，而 MG 组和 SG 组与主成分 1 呈正相关关系。

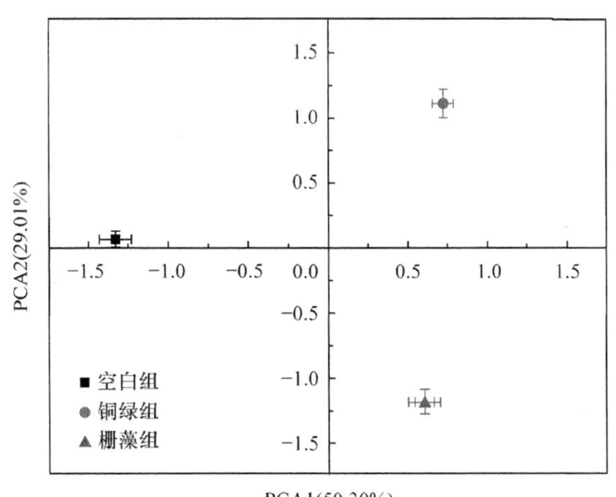

图 6.10　空白组、MG 组和 SG 组中单一碳源利用主成分分析

6.4　滞留水细菌种群结构分析

空白组、MG 组和 SG 组丰度与多样性指数如表 6.1 所示。空白组、MG 组和 SG 组的 OTU 数分别为 1164、920 和 2070。MG 组的 OTU 数相对空白组较少，可能是因为藻类的代谢产物对某些细菌的生长和代谢产生抑制作用(Petrovic et al., 2015)。与此同时，藻类有机物的存在可能会通过改变水质诱导细菌产生新的优势菌门，从而在竞争中对其他微生物产生抑制效果。SG 组 OTU 数相较于空白组显著增加，这说明在栅藻有机物的刺激下细菌种群结构变得更加丰富，MG 组与 SG 组不同的原因可能是有机物种类不同。

表 6.1　空白组、MG 组和 SG 组丰度与多样性指数

处理	0.97 水平				
	OTU 数	Chao 1 指数	覆盖范围	Shannon 指数	Simpson 指数
空白组	1164	932	0.992	3.96	0.1022
MG 组	920	982	0.976	7.13	0.0395
SG 组	2070	2129	0.997	8.66	0.0238

图 6.11 为各样品物种在门水平的相对丰度。相对丰度最高的物种是变形菌门(Proteobacteria)和拟杆菌门(Bacteroidetes)。变形菌门(Proteobacteria)物种相对丰度随在加入 AOM 之后显著下降，拟杆菌门(Bacteroidetes)物种相对丰度在加入 AOM

之后显著增加。总体来说，变形菌门与拟杆菌门在滞留过程中相对丰度最高，藻类有机物的加入使水中微生物种群结构发生了改变，尤其是拟杆菌门的变化最为显著。Zlatanović 等(2017)的研究同样指出，变形菌门(Proteobacteria)是滞留水中最丰富的菌门(60%～80%)。有研究表明，拟杆菌门(Bacteroidetes)擅长分解复杂的有机物，拟杆菌门(Bacteroidetes)具有周围物质空间，为降解(如低聚糖)提供了保护区域，这使得酶和降解产物不会扩散损失(Raul et al., 2020)。拟杆菌门(Bacteroidetes)在有机物环境中能够形成保护机制，这可能是拟杆菌门(Bacteroidetes)相对丰度增加的原因。

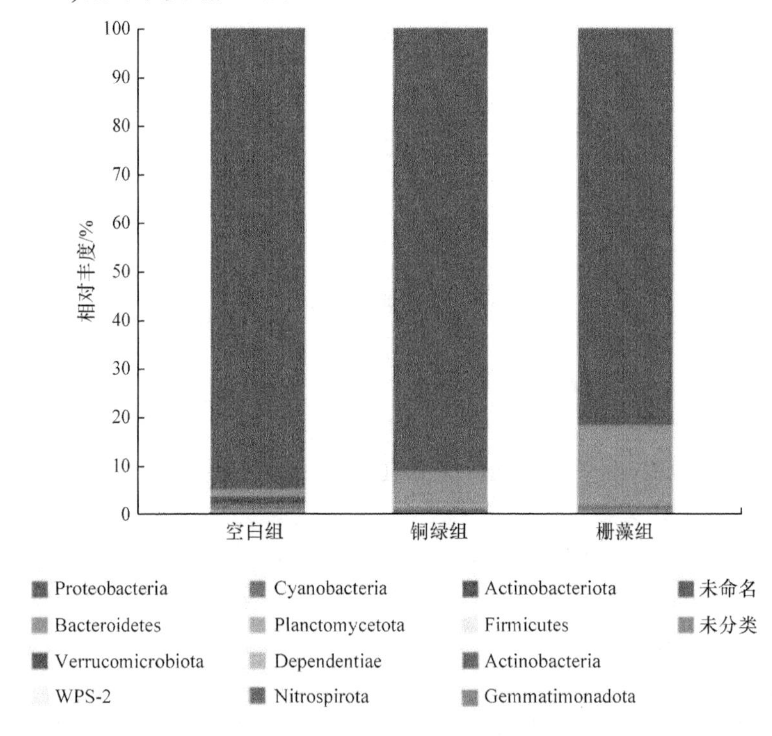

图 6.11　空白组、MG 组和 SG 组门水平物种相对丰度

属水平物种相对丰度如图 6.12 所示。滞留 120h 之后空白组中新鞘氨醇菌属(*Novosphingobium*)、鞘氨醇菌属(*Sphingobium*)和罗尔斯通氏菌属(*Ralstonia*)占主导地位。添加 AOM 后细菌优势种群发生转变，新鞘氨醇菌属(*Novosphingobium*)、鞘氨醇菌属(*Sphingobium*)和罗尔斯通氏菌属(*Ralstonia*)相对丰度降低，固氮弧菌属(*Azonexus*)、博斯氏菌属(*Bosea*)、弯杆菌属(*Flectobacillus*)和芽单胞菌属(*Blastomonas*)相对丰度增加。新鞘氨醇菌属(*Novosphingobium*)相对丰度虽然降低，但仍为实验组中的优势菌属，固氮弧菌属(*Azonexus*)仅在 MG 组中出现，弯杆菌属(*Flectobacillus*)仅在 SG 组中出现。固氮弧菌属(*Azonexus*)是一种常见的硝酸盐

还原菌，通常存在于富营养与厌氧的环境中(Wu et al.，2019；Chou et al.，2008)。过去的研究指出，在 Fe(Ⅱ)存在的情况下，固氮弧菌属(*Azonexus*)是 NO_3^- 还原的主要功能微生物(李爽等，2018)。弯杆菌属(*Flectobacillus*)是一种常见的革兰氏阴性杆菌，通过增加细胞大小来防御捕食者(Suzuki et al.，2017)。Simek 等(2007)的研究指出，在病毒和异养纳米鞭毛虫的胁迫下，弯杆菌属(*Flectobacillus*)的生长受到了促进，这可能是因为添加病毒和异养纳米鞭毛虫提高了底物的可利用性，从而刺激弯杆菌属(*Flectobacillus*)的生长和活性。博斯氏菌属(*Bosea*)可以通过异养作用去除亚硝酸盐，并且在缺氧条件下比好氧条件下能更有效地去除亚硝酸盐(Kim et al.，2017)。由此可见，添加有机物之后微生物种群结构变化与氮的转化存在一定的相关性。另外，分枝杆菌属(*Mycobacterium*)并未在空白组中检出，但在 SG 组中出现。分枝杆菌属(*Mycobacterium*)的存在可能对人体健康有潜在威胁，因此需要对突发藻类污染下的饮用水微生物安全风险加强关注。

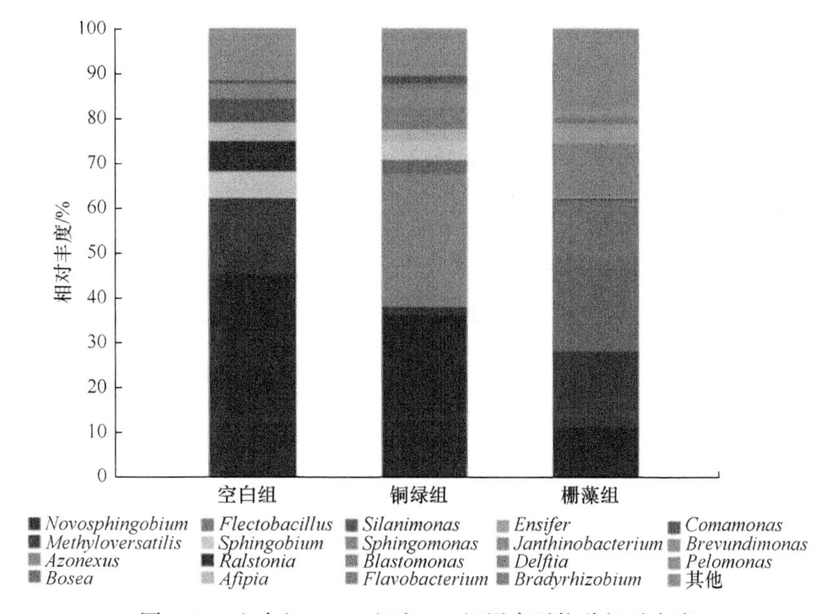

图 6.12　空白组、MG 组和 SG 组属水平物种相对丰度

利用物种丰度分布(species abundance distribution，SAD)分析对饮用水细菌模型进行解析(图 6.13)，AIC 值越小表示与分布模型越相近。空白组微生物最符合的模型为 Lognomal 模型(AIC 值为 642.58)，该模型表达了群落动态是一个随机的零和(zero-sum)过程，也就是说在这个群体中群落规模变化不大，单位消失会有另外的单位进行补充。加入 AOM 之后，Lognomal 模型的 AIC 值变大，MG 组(AIC 值为 1322.30)和 SG 组(AIC 值为 789.20)细菌分布更符合 Mandelbort 模型。该模型

描述了环境中某个单位的出现会对环境整体产生影响，这些影响会使环境改变并引入新的单位。AOM的加入使饮用水微生物的分布发生改变并偏向于Mandelbort模型，这可能是因为AOM的加入使能适应高营养条件的细菌快速生长，这恰好印证了拟杆菌门(Bacteroidetes)相对丰度增加的结论。拟杆菌门在有机物环境中能够形成周围物质空间保护自身，使其可以更好地适应高营养条件的环境。

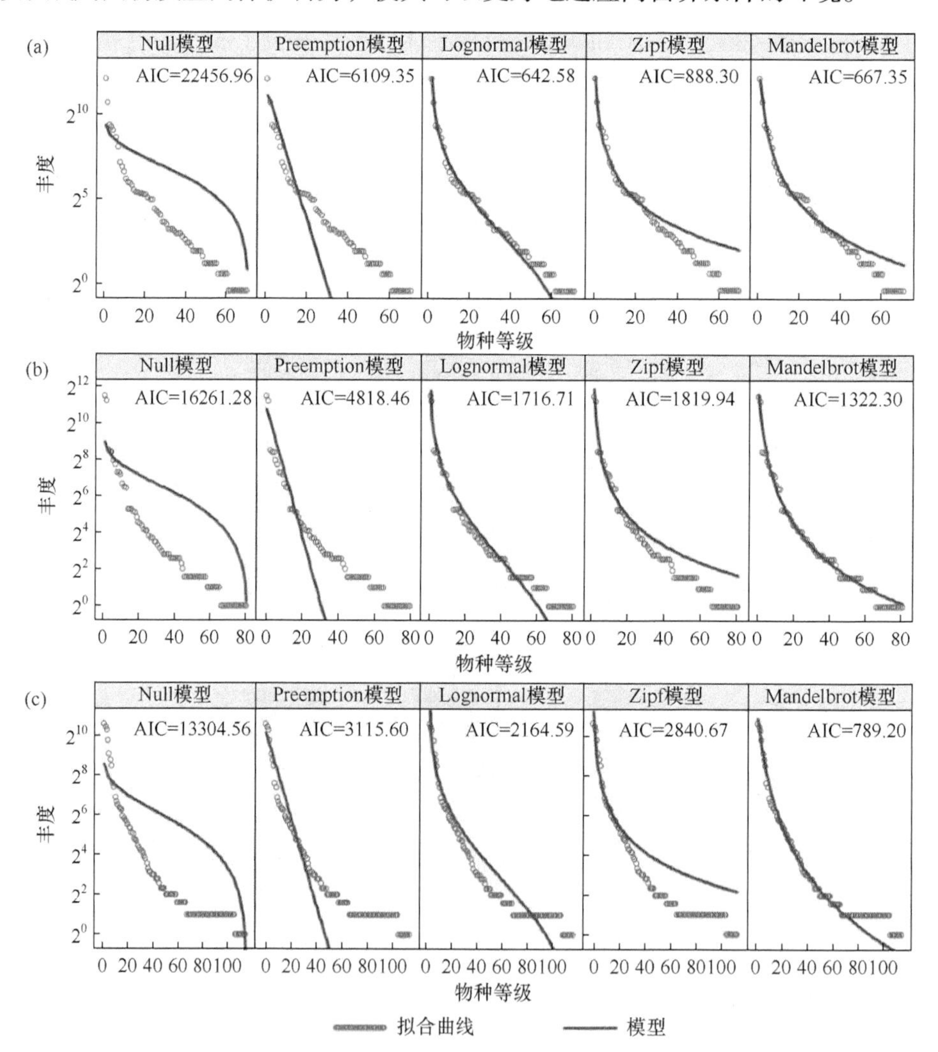

图 6.13　滞留水属水平SAD模型拟合的统计分析

(a) 空白组；(b) MG组；(c) SG组

利用network分析研究属水平上饮用水微生物之间的相关性(图6.14)。图中共计21条边(其中正相关17条，负相关4条)。具体来说，博斯氏菌属(*Bosea*)、戴沃斯氏菌属(*Devosia*)、*Pelomonas*、芽单胞菌属(*Blastomonas*)和剑菌属(*Ensifer*)之间互为正相关，假单胞菌属(*Pesudomonas*)与慢生根瘤菌属(*Bradyrhizobium*)、丛毛单胞菌属(*Comamonas*)与湖杆菌属(*Lacibacter*)、短波单胞菌属(*Brevundimonas*)与鞘氨醇单胞菌属(*Sphingomonas*)为负相关。

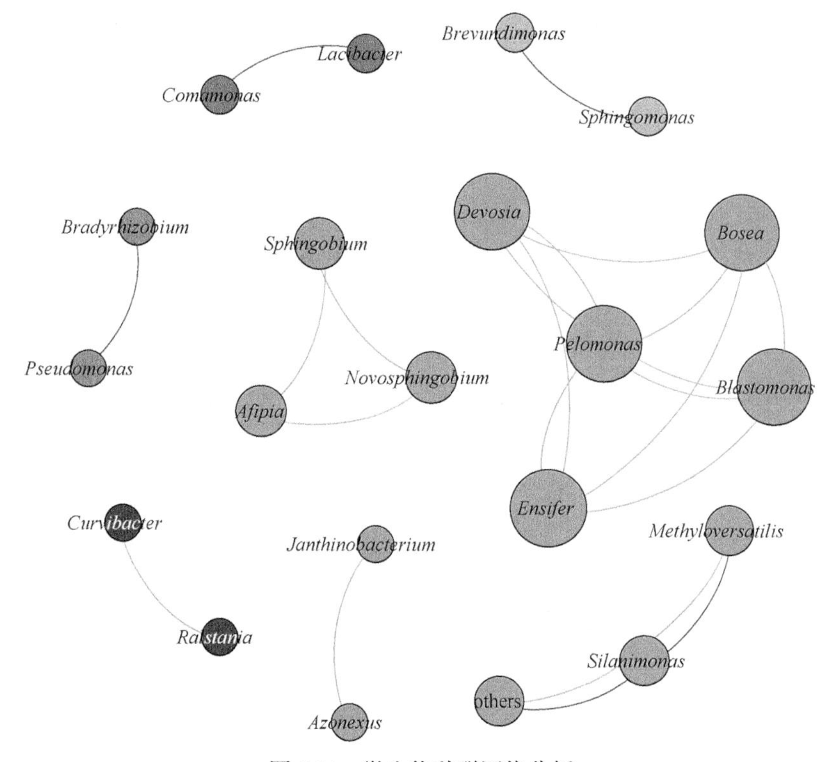

图 6.14　微生物种群网络分析

6.5　相关特性研究

图 6.15 为空白组、MG 组和 SG 组的环境因子与细胞总数、细菌活性的 Pearson(皮尔逊)相关性分析。三组实验中，总有机碳浓度与总余氯浓度、自由性余氯浓度、总氮浓度和硝氮浓度呈正相关，与亚硝氮浓度和氨氮浓度呈负相关。总铁浓度与总余氯浓度、自由性余氯浓度、总氮浓度和硝氮浓度呈负相关，与亚硝氮浓度和氨氮浓度呈显著正相关。空白组中细胞总数与自由性余氯浓度显著负相关，加入 AOM 后相关性减小。MG 组中总 ATP 浓度与总氮浓度和硝氮浓度呈正相关，与亚硝氮浓度、氨氮浓度和总铁浓度负相关。SG 组中总 ATP 浓度与细胞总数显著正相关，且与总余氯浓度显著负相关。

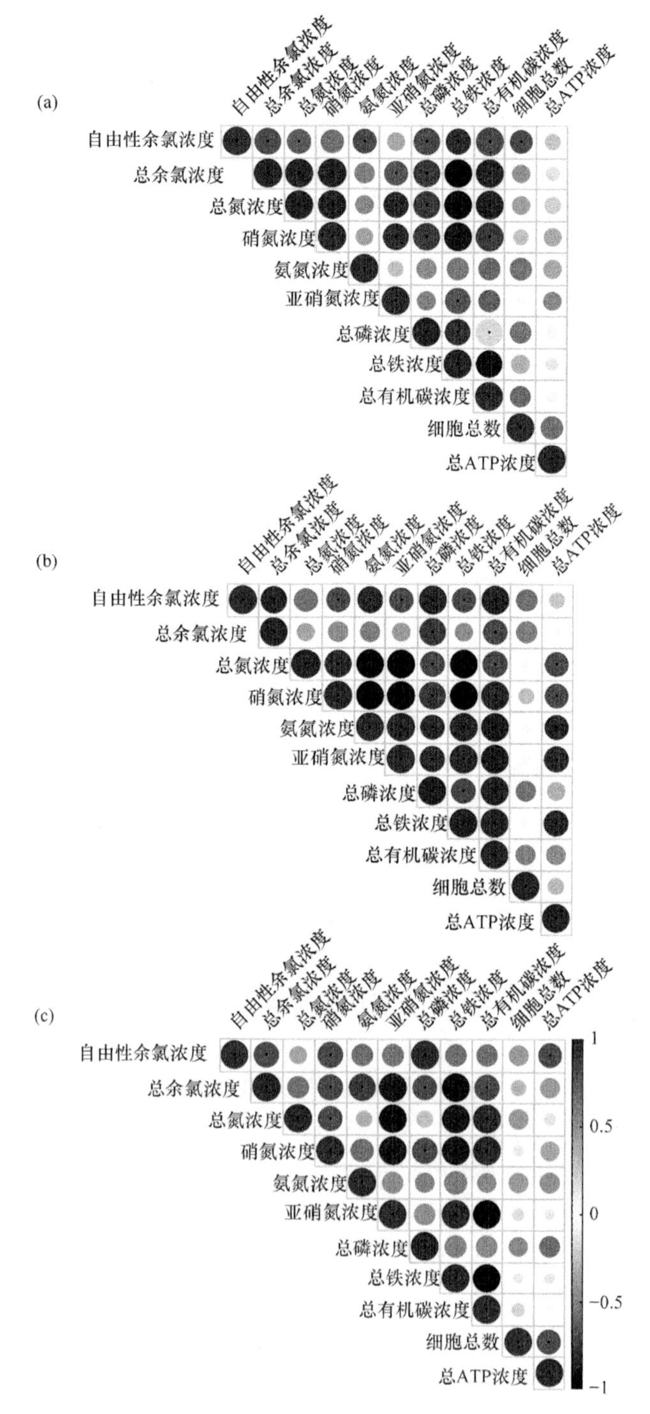

图 6.15　空白组、MG 组和 SG 组的 Pearson 相关性分析

(a) 空白组；(b) MG 组；(c) SG 组

利用冗余分析研究环境因子与细菌种群结构的关系。由图 6.16 可知，RDA1 解释率为 90.1%，RDA2 解释率为 8.8%，总有机碳浓度为对系统影响最主要的环境因子。空白组、MG 组和 SG 组存在较大差异。其中，空白组与自由性余氯浓度相关性最大，SG 组和 MG 组与总有机碳浓度均为正相关，MG 组与总氮浓度、硝氮浓度、氨氮浓度和总铁浓度正相关性较大，SG 组与亚硝氮浓度相关性最大。

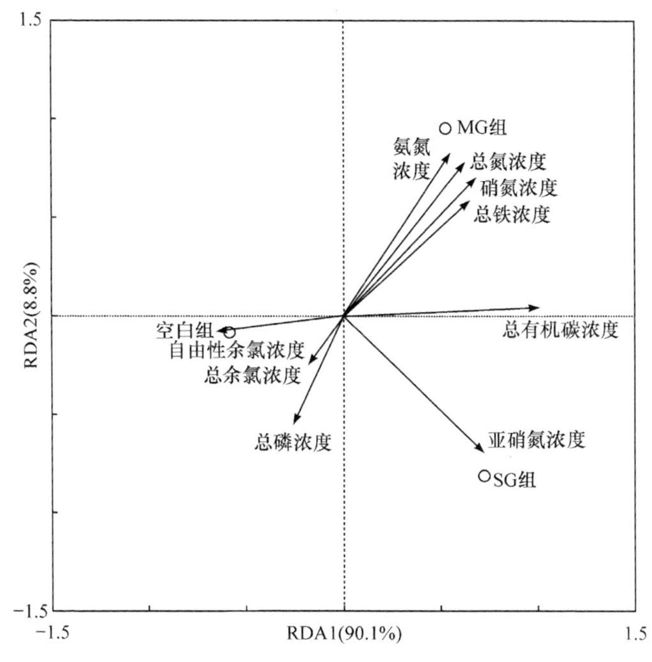

图 6.16　滞留水中细菌种群结构冗余分析

6.6　本 章 小 结

(1) 滞留导致水质恶化，尤其是在加入 AOM 之后，水质恶化更为明显。加入 AOM 之后余氯衰减速率增加，TN 浓度和 NO_3^--N 浓度在滞留过程中持续下降，而 NO_2^--N 在加入 AOM 后积累明显，空白组、MG 组和 SG 组滞留 120h 的 NO_2^--N 浓度分别为 0.30mg/L、0.59mg/L 和 3.71mg/L。总铁浓度随滞留时间持续增加，滞留 120h 的总铁浓度分别为 0.16mg/L、0.21mg/L 和 0.18mg/L，三组实验结果之间差异性不大。

(2) 平板计数、流式细胞仪和 ATP 分析结果显示，平板计数、细胞总数和总 ATP 浓度表现为先增加后减少，加入 AOM 之后，细胞总数和 ATP 浓度显著增加。空白组、MG 和 SG 中细胞总数峰值分别为 3.05×10^4 个/mL、48.39×10^4 个/mL

和 67.27×10^4 个/mL。总 ATP 浓度峰值分别为 20.24×10^{-12}gATP/mL、21.79×10^{-12}gATP/mL 和 38.87×10^{-12}gATP/mL。

(3) BIOLOG 技术分析结果显示，加入 AOM 提高了细菌的碳源代谢能力，空白组中最易被利用的碳源是 *D*-半乳糖酸-γ-内酯和丙酮酸甲酯；MG 组和 SG 组可以利用大部分碳源，MG 组中肝糖、*D*,*L*-α-甘油、苯乙基胺和 *D*-半乳糖醛酸不易被利用；SG 组中丙酮酸甲酯、*D*-半乳糖酸-γ-内酯、*D*-氨基葡萄糖酸、衣康酸和 α-丁酮酸不易被利用。

(4) 滞留后变形菌门(Proteobacteria)和拟杆菌门(Bacteroidetes)是最优势的菌门，AOM 的加入对种群结构产生影响。其中，变形菌门(Proteobacteria)物种相对丰度在加入 AOM 之后下降，拟杆菌门(Bacteroidetes)物种相对丰度在加入 AOM 之后显著增加。SAD 分析表明，AOM 加入导致饮用水微生物的分布发生改变并偏向于 Mandelbort 模型。

(5) Pearson 相关性分析得出总有机碳浓度与总余氯浓度、自由性余氯浓度、总氮浓度和硝氮浓度呈正相关，与亚硝氮浓度和氨氮浓度呈负相关。总铁浓度与总余氯浓度、自由性余氯浓度、总氮浓度和硝氮浓度呈负相关，与亚硝氮浓度和氨氮浓度呈显著正相关。RDA 分析表明，空白组与自由性余氯浓度相关性最大，SG 组和 MG 组与总有机碳浓度均为正相关，MG 组与 TN 浓度、硝氮浓度、氨氮浓度和总铁浓度正相关性较大，而 SG 组与亚硝氮浓度相关性最大。

参 考 文 献

邓梅光，毛坤飞，周永国，2019. 生活饮用水相关指标与细菌总数的相关性研究[J]. 中国当代医药，26(24): 176-178,191.

李爽，李晓敏，李芳柏, 2018. Fe(Ⅱ)对反硝化过程及其功能微生物群落的影响[J]. 中国环境科学, 38(1): 263-274.

刘扬阳，李星，杨艳玲，等，2016. 长距离输水管道水质变化及管壁生物膜净水效能研究进展[J]. 中国给水排水，32(2): 19-23.

汪洪涛, 2011. 饮用水中亚硝酸盐含量的分析[J]. 食品研究与开发, 32(12): 134-136.

余健，王军，许刚，等, 2009. 输配水系统中硝化作用的影响因素研究[J]. 中国给水排水, 25(19): 62-64.

左延婷，李爱民，程士，等, 2021. 蓝藻 AOM 特征与 DBPs 生成关系的研究进展[J]. 中国环境科学, 41(1): 421-430.

BAUTISTA-DE LOS SANTOS Q M, CHAVARRIA K A, NELSON K L, 2019. Understanding the impacts of intermittent supply on the drinking water microbiome[J]. Current Opinion in Biotechnology, 57: 167-174.

CHOU J H, JIANG S R, CHO J C, et al., 2008. *Azonexus hydrophilus* sp. nov., a *nifH* gene-harbouring bacterium isolated from freshwater[J]. International Journal of Systematic and Evolutionary Microbiology, 58 (Pt4): 946-951.

DEBORDE M, VON GUNTEN U, 2008. Reactions of chlorine with inorganic and organic compounds during water treatment-kinetics and mechanisms: A critical review[J]. Water Research, 42(1-2): 13-51.

GOLAKI M, AZHDARPOOR A, MOHAMADPOUR A, et al., 2022. Health risk assessment and spatial distribution of nitrate, nitrite, fluoride, and coliform contaminants in drinking water resources of Kazerun, Iran[J]. Environmental

Research, 203: 111850.

HUA Z C, KONG X J, HOU S D, et al., 2019. DBP alteration from nom and model compounds after UV/persulfate treatment with post chlorination[J]. Water Research, 158: 237-245.

KIM H W, HAN C H, KIM D J, et al., 2017. Nitrite removal characteristics and application of *Bosea* sp. isolated from BFT system culture water[J]. Korean Journal of Fisheries and Aquatic Sciences, 55(4): 378-387.

LAUTENSCHLAGER K, BOON N, WANG Y Y, et al., 2010. Overnight stagnation of drinking water in household taps induces microbial growth and changes in community composition[J]. Water Research, 44(17): 4868-4877.

LESAULNIER C C, HERBOLD C W, PELIKAN C, et al., 2017. Bottled aqua incognita: Microbiota assembly and dissolved organic matter diversity in natural mineral waters[J]. Microbiome, 5(1): 126.

LIANG J, LIU J, ZHAN Y, et al., 2021. Succession of marine bacteria in response to ulva prolifera-derived dissolved organic matter[J]. Environment International, 155: 106687.

NDIONGUE S, HUCK P M, SLAWSON R M, 2005. Effects of temperature and biodegradable organic matter on control of biofilms by free chlorine in a model drinking water distribution system[J]. Water Research, 39(6): 953-964.

PETROVIC A, SIMONIC M, 2015. Effect of *Chlorella sorokiniana* on the biological denitrification of drinking water[J]. Environmental Science and Pollution Research, 22(7): 5171-5183.

PIVOKONSKY M, NACERADSKA J, KOPECKA I, et al., 2015. The impact of algogenic organic matter on water treatment plant operation and water quality: A review[J]. Critical Reviews in Environmental Science and Technology, 46(4): 291-335.

RAUL M, HANNO T, RUDOLF A, et al., 2020. Ancestry and adaptive radiation of Bacteroidetes as assessed by comparative genomics[J]. Systematic and Applied Microbiology, 43(2): 126065.

REZVANI F, SARRAFZADEH M H, 2020. Autotrophic granulation of hydrogen consumer denitrifiers and microalgae for nitrate removal from drinking water resources at different hydraulic retention times[J]. Journal of Environmental Management, 268: 110674.

SIMEK K, WEINBAUER M G, HORMAK K, et al., 2007. Grazer and virus-induced mortality of bacterioplankton accelerates development of *Flectobacillus* populations in a freshwater community[J]. Environmental Microbiology, 9(3): 789-800.

SORENSEN J P R, DIAW M T, POUYE A, et al., 2020. *In-situ* fluorescence spectroscopy indicates total bacterial abundance and dissolved organic carbon[J]. Science of the Total Environment, 738: 139419.

SUZUKI K, YAMAUCHI Y, YOSHIDA T, 2017. Interplay between microbial trait dynamics and population dynamics revealed by the combination of laboratory experiment and computational approaches[J]. Journal of Theoretical Biology, 419: 201-210.

WANG C H, WANG Z L, XU H C, et al., 2021. Organic matter stabilized Fe in drinking water treatment residue with implications for environmental remediation[J]. Water Research, 189: 116688.

WU Y F, LIN H, YIN W Z, et al., 2019. Water quality and microbial community changes in an urban river after micro-nano bubble technology *in situ* treatment[J]. Water, 11(1): 66.

YANG F, SHI B, BAI Y, et al., 2014. Effect of sulfate on the transformation of corrosion scale composition and bacterial community in cast iron water distribution pipes[J]. Water Research, 59: 46-57.

ZHANG H H, XU L, HUANG T L, et al., 2021a. Combined effects of seasonality and stagnation on tap water quality: Changes in chemical parameters, metabolic activity and co-existence in bacterial community[J]. Journal of Hazardous Materials, 403: 124018.

ZHANG H H, XU L, HUANG T L, et al., 2021b. Indoor heating triggers bacterial ecological links with tap water stagnation during winter: Novel insights into bacterial abundance, community metabolic activity and interactions[J]. Environmental Pollution, 269: 116094.

ZLATANOVIĆ L, VAN DER HOEK J P, VREEBURG J H G, 2017. An experimental study on the influence of water stagnation and temperature change on water quality in a full-scale domestic drinking water system[J]. Water Research, 123: 761-772.

第7章　硝酸盐对蒙氏假单胞菌的腐蚀特性影响

长期以来，管道腐蚀一直是人们关心的热点问题(王占生等，2009)。我国供水管道主要采用的是铸铁管和钢管，我国供水管道中铸铁管和钢管的占比达到90%以上，新建的供水管网约85%仍采用金属管道，灰口铸铁管的使用量和占比最大，达到51%(郭浩等，2020)。铸铁管的腐蚀不仅会造成管道故障，也会造成饮用水水质恶化(徐冰峰等，2004)。另外，铸铁管在腐蚀过程中产生管垢，在水质和水力条件下管垢重新释放到水中，使多地饮用水呈现黄色、红色、棕色或浑浊的外观，这给我国饮用水水质安全带来极大挑战(Sun et al.，2017)。造成金属管道微生物腐蚀的主要细菌包括硫酸盐还原菌(sulfate reducting bacteria，SRB)、铁细菌(iron oxidizing bacteria，IOB)、硝酸盐还原菌(nitrate reducing bacteria，NRB)等(许萍等，2019)，主要是通过氧化铁元素来获得能量的好氧性细菌。近年来研究发现，地下水和地表水中硝酸盐还原菌菌群的组成不同，不同硝酸盐浓度下硝酸盐还原菌的呼吸速率也有所不同，对金属的腐蚀有一定的影响。本章主要以蒙氏假单胞菌(*Pseudomonas monteilii*) strain S30为研究对象，研究该菌种对铸铁管的腐蚀特性，以及硝酸盐浓度变化对供水管道腐蚀过程的影响。

7.1　材料与方法

1. 腐蚀材料的制备

实验采用的材料为灰口铸铁制成的长方形铸铁块，尺寸为27mm×55mm×5mm。铸铁块的主要成分如表7.1所示。

表7.1　铸铁块主要成分表

成分	碳(C)	硅(Si)	锰(Mn)	磷(P)	硫(S)	铁(Fe)
质量分数/%	3.580	2.260	0.810	0.086	0.032	93.232

没有采取防腐措施的铸铁块极容易被氧化，产生铁锈，因此在实验前需要对铸铁块进行预处理，去除表面铁锈。预处理的具体操作步骤如下。

(1) 实验前，将铸铁块用碳化硅砂纸进行一系列打磨，将铸铁块表面的铁锈打磨干净，使表面变得光滑。砂纸的规格分别为180目、500目、800目和

1200 目。

(2) 将打磨光滑的铸铁块用去离子水冲洗表面三次，然后用丙酮去除表面的油脂。

(3) 将去除油脂的铸铁块放入 70%的乙醇中浸泡消毒 8h，再放入烘箱中进行无菌干燥，然后将铸铁块暴露于无菌台中紫外杀菌 30min，以去除铸铁块表面的残留细菌，最后做好标记并称重。

2. 实验装置及操作流程

实验所用的仪器为 500mL 的透明广口瓶，将处理好的铸铁块完全浸泡于 500mL 的广口瓶中，每个广口瓶内分别放置两个铸铁块，进行腐蚀实验。本实验采用 85-2 恒温磁力搅拌器，温度控制在 29℃。反应不同的时间之后，取出不同反应时间的铸铁块，收集腐蚀产物，用失重法测定腐蚀速率，并用扫描电子显微镜(scanning electron microscope，SEM)、X 射线衍射(X-ray diffraction，XRD)分析腐蚀产物的物理性质、化学性质。

将处理完成的铸铁块泡在不同性质的水中，并模拟实际供水管网水力条件，结合表征数据，分析蒙氏假单胞菌在铸铁管腐蚀过程中的作用。所有的试剂溶液及容器都经过高温高压灭菌，共设计四个实验组，分别针对四种水质进行测试。实验操作流程如下。

(1) 两个铸铁块完全浸泡在 500mL 的广口瓶中，瓶中充满无菌自来水，由于冬季自来水 NO_3^--N 浓度为 2.5 mg/L 左右，利用硝酸钠溶液调节无菌自来水 NO_3^--N 的浓度为 2.5mg/L，其他三组调节 NO_3^--N 浓度分别为 2.5mg/L、10mg/L、20mg/L，同时后三组实验溶液中加入 5%的蒙氏假单胞菌(*Pseudomonas monteilii*) strain S30 菌液。

(2) 每组实验每 2d 换水一次，腐蚀实验模拟实际供水管网的最长停留时间，同时采用磁力搅拌器轻轻混合，模拟实际管网的水力条件。

(3) 每隔 2d 取样测量总铁浓度、Fe^{2+}浓度、NO_3^--N 浓度、NH_4^+-N 浓度、NO_2^--N 浓度。

(4) 实验所需菌液的获取：将蒙氏假单胞菌(*Pseudomonas monteilii*) strain S30 放入 LB 培养基中富集培养 48h，用离心机进行离心，离心条件为 8000r/min、4℃、10min；将离心后的菌液用灭菌的去离子水漂洗三遍，以确保将培养基中的有机氮清洗干净，用移液枪将离心之后的菌液加入实验装置中；用薄膜将瓶口封住，避免其他杂菌和灰尘进入实验装置。

(5) 分别在实验进行到 20d、60d、90d、170d 时，取出反应器中的铸铁块，利用失重法测定铸铁块的腐蚀速率。实验进行到 170d 时，采用 SEM 观察块状样品的外貌，粉末状的样品采用 XRD 来分析铁锈的晶体结构。

3. 实验用水和检测指标

实验用水为经过高温高压灭菌的自来水，灭菌之后自来水的水质检测指标如表 7.2 所示，检测方法如表 7.3 所示。

表 7.2　灭菌后自来水水质检测指标

检测指标	数值
DO 浓度/(mg/L)	3.97～7.11
pH	7.34～8.82
电导率/(μS/cm)	72.5～259.0
氧化还原电位/mV	85.7～265.4
NO_3^--N 浓度/(mg/L)	1.37～3.06
NH_4^+-N 浓度/(mg/L)	0.12～0.59
NO_2^--N 浓度/(mg/L)	0.0060～0.0025
总铁浓度/(mg/L)	0.02～0.28
Fe^{2+}浓度/(mg/L)	0～0.005
Cl^-浓度/(mg/L)	10～24
SO_4^{2-} 浓度/(mg/L)	15～30
硬度/(mg/L $CaCO_3$)	60～72
碱度/(mg/L $CaCO_3$)	70～74

表 7.3　检测指标和检测方法

检测指标	检测方法
DO 浓度	HACH HQ30d 多参数水质分析仪
pH	HACH HQ30d 多参数水质分析仪
电导率	HACH HQ30d 多参数水质分析仪
氧化还原电位	HACH HQ30d 多参数水质分析仪
NO_3^--N 浓度	氨基磺酸分光光度法
NH_4^+-N 浓度	纳氏试剂分光光度法
NO_2^--N 浓度	*N*-(1-萘基)-乙二胺光度法
总铁浓度	邻菲啰啉分光光度法
Fe^{2+}浓度	邻菲啰啉分光光度法

续表

检测指标	检测方法
Cl^-浓度	硝酸银滴定法
SO_4^{2-} 浓度	铬酸钡分光光度法
硬度/(mg/L $CaCO_3$)	EDTA 滴定法
碱度/(mg/L $CaCO_3$)	酸碱滴定法

4. 腐蚀产物分析检测方法

在不破坏其表面结构的情况下，对腐蚀反应后的铸铁块进行切割，并放入烘箱 120℃条件下进行烘干保存，用于测定铁块表面的形貌。将铸铁块表面的腐蚀产物用刀片轻轻刮下，刮下的粉末状物体放入马弗炉在 200℃下烘烤 12h，将粉末中的水烘干，用于进行化学结构和元素组成分析。铸铁块的腐蚀产物测试方法如下(牛璋彬等，2006)。

(1) 使用 SEM 对所取的块状物体腐蚀层进行扫描，分析得出腐蚀后的表面特征。

(2) 使用 X 射线衍射仪对管垢内外层进行 XRD 分析。样品须为粉末状，要求粒度均匀，手摸无颗粒感。2θ(衍射角)扫描范围为 5°～90°，扫描速度为 10°/min，使用 Jade 6 软件对测试数据进行分析。

(3) 使用 X 射线荧光光谱仪，刮取铸铁块表面的腐蚀产物，低温烘干，使用研钵将其研磨成粉末状，对样品进行分析。

5. 腐蚀速率计算方法

失重法具有操作流程简单、结果重复性好、较经济等优点，是进行腐蚀速率计算的常用方法之一。失重法主要是根据腐蚀前后金属试片的质量变化来测定金属腐蚀速率。在实验开始前对铸铁块进行称重，记录数据，实验结束后取出铸铁块，经过烘干处理将表面的腐蚀产物去除，称重。计算反应前后质量变化，从而计算铸铁块的腐蚀速率，具体的计算公式如下(Zhang，2010)：

$$v = \frac{m_0 - m}{st} \tag{7.1}$$

式中，v 为腐蚀速率[g/(m^2 · h)]；m_0 为铸铁块腐蚀前质量(g)；m 为铸铁块腐蚀后质量(g)；s 为铸铁块的表面积(m^2)；t 为腐蚀时间(h)。

根据式(7.2)计算腐蚀速率：

$$v = \frac{87600h \times (m_0 - m)}{st\rho} \tag{7.2}$$

式中，v 为腐蚀速率(mm/a)；m_0 为铸铁块腐蚀前质量(g)；m 为铸铁块腐蚀后的质量(g)；s 为铸铁块的表面积(cm^2)；t 为腐蚀时间(h)；ρ 为铸铁块的密度(g/cm^3)；87600 为单位换算常数。

7.2　水质化学参数变化

测定反应 48h 后出水的总铁浓度、Fe^{2+}浓度、NO_3^--N 浓度、NH_4^+-N 浓度、NO_2^--N 浓度，并对 NO_3^--N 转化量和总铁、Fe^{2+}、NH_4^+-N 、NO_2^--N 的生成量进行分析。为了便于描述，用 2.5mg/L+Pms 代表 NO_3^--N 浓度为 2.5mg/L 且含有菌液的实验组，10mg/L+Pms 代表 NO_3^--N 浓度为 10mg/L 且含有菌液的实验组，20mg/L+Pms 代表 NO_3^--N 浓度为 20mg/L 且含有菌液的实验组。

7.2.1　硝氮浓度变化

不同条件下的 NO_3^--N 的转化量如图 7.1 所示，从图中可以看出，实验前期水中的 NO_3^--N 转化量较大，但是随着时间的延长，NO_3^--N 转化量呈缓慢波动性降低。另外，随着 NO_3^--N 浓度的升高，NO_3^--N 的转化量也升高。将 2.5mg/L+无菌水和 2.5mg/L+Pms 的 NO_3^--N 转化量进行对比，发现加入了蒙氏假单胞菌的实验组在初期的 NO_3^--N 转化量要高于不加菌条件下的 NO_3^--N 转化量，而后期两者的

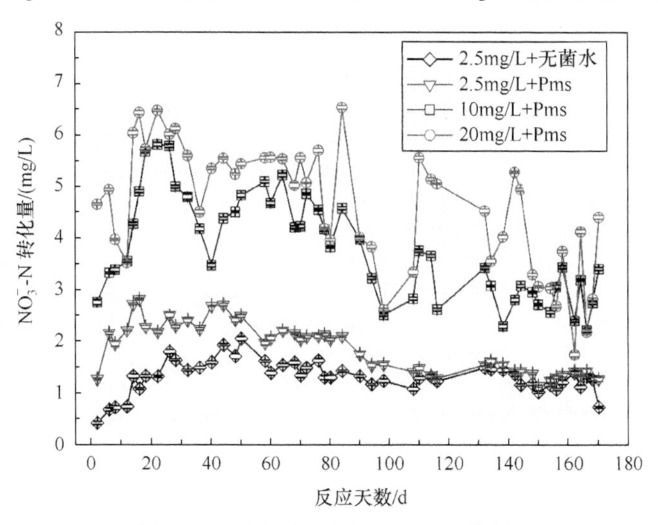

图 7.1　不同条件下的 NO_3^--N 转化量

NO_3^--N 转化量基本相等，此时可能已经形成较稳定的生物膜。另外，将 2.5mg/L+Pms、10mg/L+Pms 与 20mg/L+Pms 条件下的 NO_3^--N 转化量进行对比，发现 10mg/L+Pms 与 2.5mg/L+Pms 条件下 NO_3^--N 转化量相差较大，但是 10mg/L+Pms 与 20mg/L+Pms 条件下的 NO_3^--N 转化量却相差很小，可能原因是此时加入的 NO_3^--N 浓度过大，已经对 NO_3^--N 的消耗过程产生了抑制作用。

7.2.2　亚硝氮浓度变化

不同条件下的 NO_2^--N 生成量如图 7.2 所示。由图可以看出，2.5mg/L+无菌水条件下，即不加菌条件下的 NO_2^--N 生成量几乎为零，在另外加入蒙氏假单胞菌的实验组 2.5mg/L+Pms、10mg/L+Pms 与 20mg/L+Pms 条件下均有 NO_2^--N 生成。因此，蒙氏假单胞菌的存在促进了 NO_2^--N 的生成，主要是因为细菌的反硝化作用。随着 NO_3^--N 浓度的升高，NO_2^--N 生成量也增大。2.5mg/L+Pms 条件下，在 0～130d 有 NO_2^--N 生成，但在 130d 之后 NO_2^--N 几乎不再产生。10mg/L+Pms 与 20mg/L+Pms 条件下 NO_2^--N 生成量的趋势与 NO_3^--N 转化量一致。0～30d 时，NO_2^--N 生成量逐渐升高，在 30d 时 NO_2^--N 生成量达到最大，10mg/L+Pms 和 20mg/L+Pms 条件下 NO_2^--N 生成量分别为 0.28mg/L、0.37mg/L，随后呈波动性降低。另外，可以看出 NO_2^--N 生成量占 NO_3^--N 转化量的比例较少。

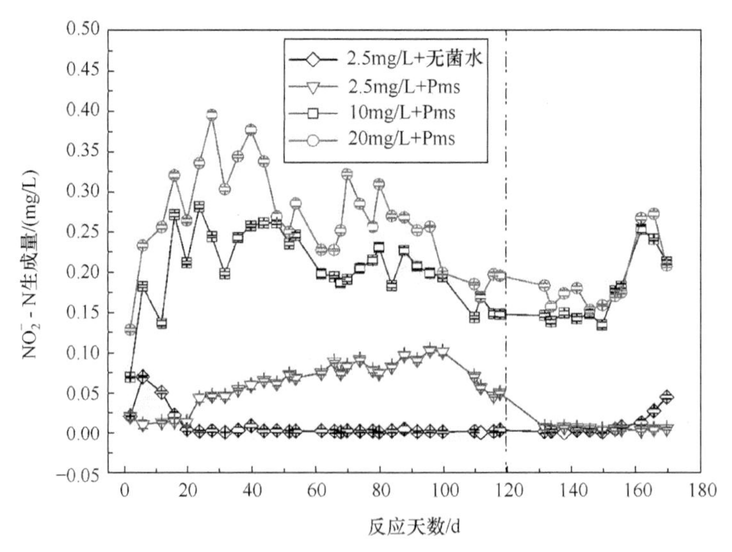

图 7.2　不同条件下的 NO_2^--N 生成量

7.2.3　氨氮浓度变化

不同条件下的 NH_4^+-N 生成量如图 7.3 所示。由图可以看出，即使在不加菌的条件下，也有 NH_4^+-N 的生成，且大部分消耗的 NO_3^--N 转变成了 NH_4^+-N 。这主要是因为铁会与加入的 NO_3^--N 发生反应，铁将原本的 NO_3^--N 还原成 NH_4^+-N ，其转化路径为 NO_3^--N → NO_2^--N → NH_4^+-N 。另外，从图中可以看出，不同条件下 NH_4^+-N 生成量随着 NO_3^--N 浓度的增大而增大，但没有明显趋势。对比 2.5mg/L+ 无菌水和 2.5mg/L+Pms 条件下的 NH_4^+-N 生成量可以看出，蒙氏假单胞菌能够促进 NH_4^+-N 的生成。

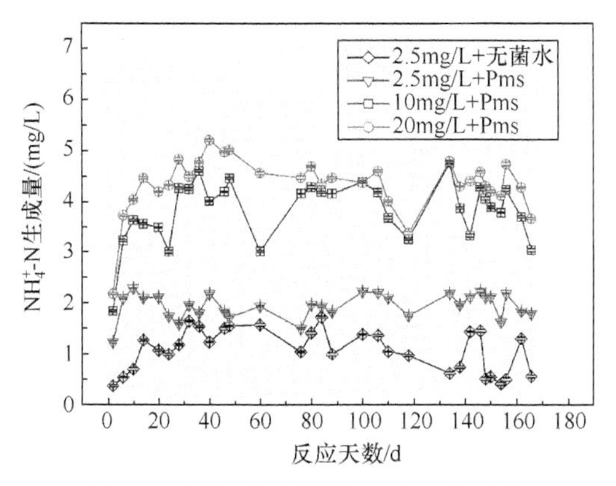

图 7.3　不同条件下的 NH_4^+-N 生成量

7.2.4　铁浓度变化

不同条件下的总铁浓度和 Fe^{2+}浓度变化如图 7.4 所示。由图 7.4(a)和(b)可以看出，相比不加菌条件下，加入蒙氏假单胞菌的实验组总铁浓度更大，这说明蒙氏假单胞菌的存在抑制了总铁的产生。另外，随着 NO_3^--N 浓度的增大，总铁浓度减小，也就是对铁的抑制作用降低，这是因为蒙氏假单胞菌在硝酸盐的作用下可以诱导供水管网中 Fe(Ⅱ)/Fe(Ⅲ)的循环(Wang et al.，2015)。0～40d 时，水中的总铁浓度逐渐增大，基本在 40d 达到最大值，2.5mg/L+无菌水、2.5mg/L+Pms、10mg/L+Pms、20mg/L+Pms 的最大值分别为 9.2mg/L、7.90mg/L、5.56mg/L、4.88mg/L(20d)，随后呈缓慢波动性降低。另外，对比 2.5mg/L+无菌水、2.5mg/L+Pms 两种不同条件，发现其总铁浓度相差较大，这说明了蒙氏假单胞菌在抑制铁的产生中起较大作用。除此之外，对比 10mg/L+Pms、20mg/L+Pms 条件下的总铁浓度，20mg/L+Pms 条件下的总铁浓度更小，这说明此时产生的 NO_2^--N 对菌本身的毒害作用小于其对总铁的抑制作用。

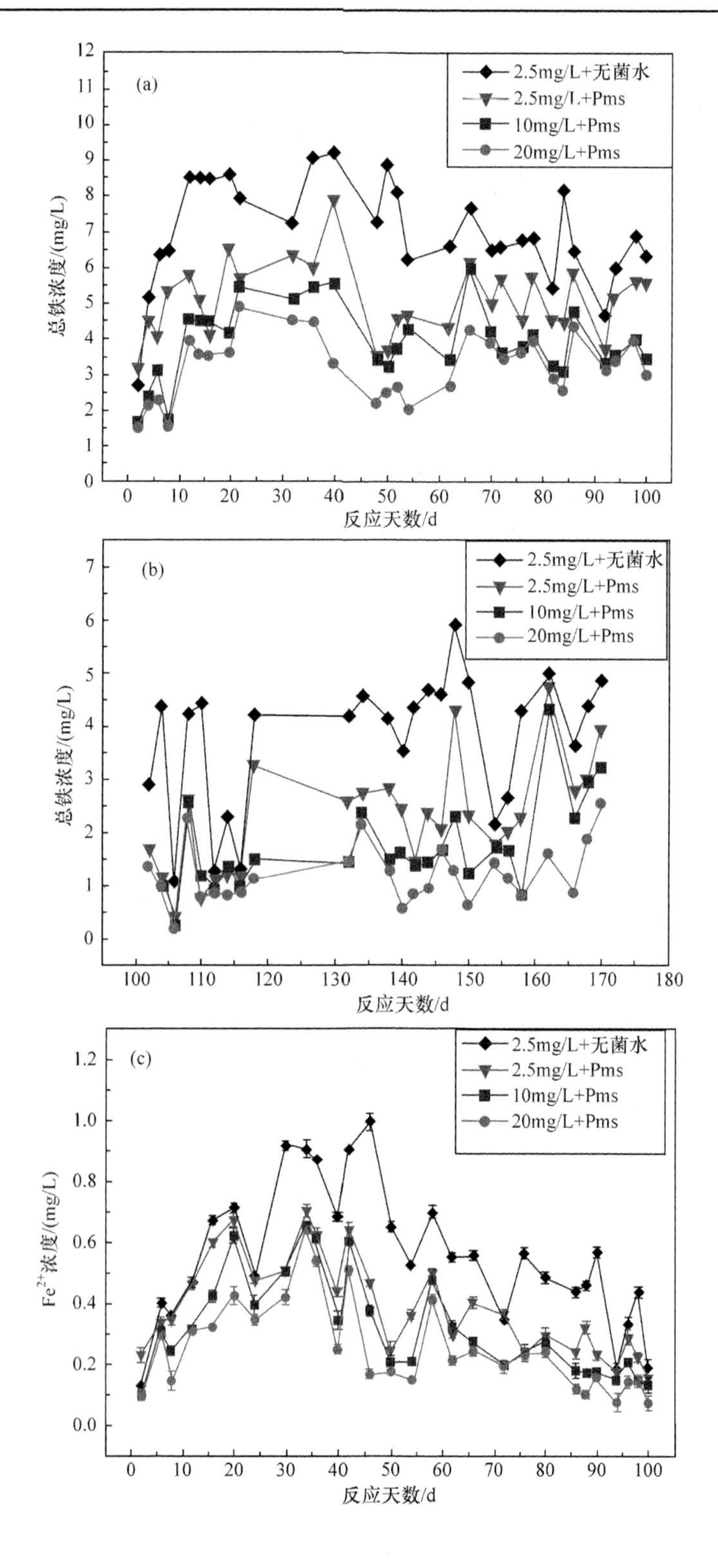
(a)
2.5mg/L+无菌水
2.5mg/L+Pms
10mg/L+Pms
20mg/L+Pms
总铁浓度/(mg/L)
反应天数/d
(b)
2.5mg/L+无菌水
2.5mg/L+Pms
10mg/L+Pms
20mg/L+Pms
总铁浓度/(mg/L)
反应天数/d
(c)
2.5mg/L+无菌水
2.5mg/L+Pms
10mg/L+Pms
20mg/L+Pms
Fe^{2+}浓度/(mg/L)
反应天数/d

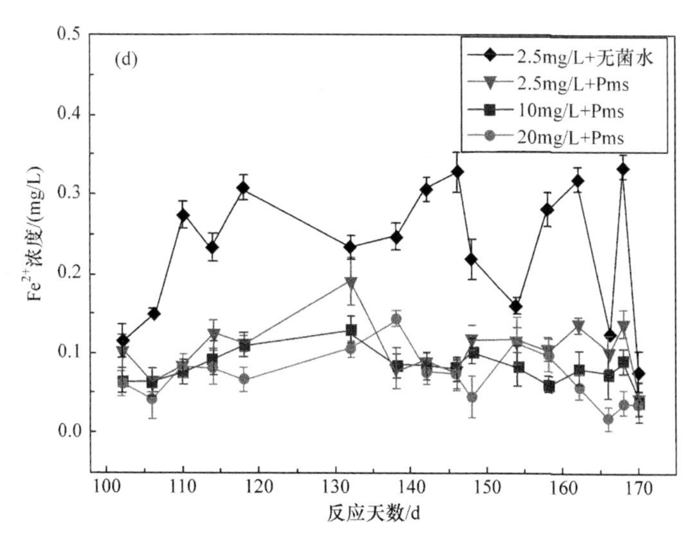

图 7.4　不同条件下的总铁浓度和 Fe^{2+}浓度

(a) 0～100d 的总铁浓度；(b) 100～170d 的总铁浓度；(c) 0～100d 的 Fe^{2+}浓度；(d) 100～170d 的 Fe^{2+}浓度

0～170d 的 Fe^{2+}浓度变化如图 7.4(c)和(d)所示。从图中可以看出，0～40d 时，水中 Fe^{2+}浓度逐渐增大，随后逐渐减小，100d 之后基本维持在一个相对稳定的状态。另外，与总铁浓度相似，随着 NO_3^--N 浓度逐渐增大，水中的 Fe^{2+}浓度逐渐减小，主要原因可能是不同条件下细菌的反硝化能力有所不同。2.5mg/L+无菌水和 2.5mg/L+Pms 条件下的 Fe^{2+}浓度相差较大，这说明蒙氏假单胞菌的存在对 Fe^{2+}起到较大抑制作用。Fe^{2+}仅仅占了总铁一小部分，大部分的铁以颗粒形式存在。

7.3　蒙氏假单胞菌腐蚀速率测定与腐蚀产物特性分析

7.3.1　蒙氏假单胞菌腐蚀速率测定

铸铁块腐蚀前后的质量如表 7.4 所示。在无菌水条件下的反应器中放置两个铸铁块，反应 20 d 之后将铸铁块取出，在此过程中的所有换水步骤均在无菌台进行，防止杂菌进入产生影响。铸铁块取出之后放到冷冻干燥机中进行冷冻干燥，然后将其表面的腐蚀垢刮去，用 70%的酒精擦拭，干燥之后称取铸铁块的质量为 *m*。60d、90d、170d 对其进行同样的操作。

表 7.4　铸铁块腐蚀前后的质量

编号	m_0/g	m/g	编号	m_0/g	m/g	编号	m_0/g	m/g
1	64.64	64.49	2	68.11	67.95	3	60.81	60.66

续表

编号	m_0/g	m/g	编号	m_0/g	m/g	编号	m_0/g	m/g
4	69.35	69.20	35	56.01	54.88	66	55.78	55.30
5	64.65	63.83	36	53.98	53.43	67	60.88	60.37
6	48.45	48.30	37	70.55	69.72	68	57.26	56.77
7	65.75	64.87	38	58.44	57.62	69	61.06	60.35
8	79.89	79.37	39	72.87	71.99	70	63.94	69.00
9	61.13	60.96	40	59.70	59.03	71	60.92	60.40
10	64.66	64.49	41	54.77	53.69	72	61.61	61.04
11	55.41	55.24	42	56.12	55.31	73	59.70	58.96
12	57.07	56.93	43	67.56	51.13	74	62.59	62.07
13	59.07	58.92	44	67.61	66.54	75	54.80	54.28
14	73.52	72.51	45	51.27	51.13	76	72.91	72.11
15	59.64	58.82	46	67.59	67.44	77	53.55	53.14
16	61.19	61.04	47	58.56	58.06	78	66.32	65.88
17	65.13	64.94	48	65.88	65.38	79	55.36	54.88
18	64.87	64.59	49	55.16	54.63	80	48.52	48.07
19	67.23	66.14	50	70.92	70.29	81	49.81	49.37
20	64.03	62.89	51	61.64	61.12	82	58.70	58.55
21	58.87	57.84	52	67.33	66.85	83	71.36	71.20
22	59.20	59.53	53	51.14	50.71	84	57.63	57.11
23	52.43	51.42	54	66.05	65.67	85	58.27	57.83
24	67.14	66.22	55	52.64	52.24	86	74.97	74.37
25	62.19	61.90	56	76.09	75.57	87	70.14	69.40
26	65.29	64.19	57	61.41	60.93	88	63.55	63.02
27	65.58	65.45	58	61.55	61.03	89	53.43	53.27
28	69.94	69.80	59	62.68	61.92	90	61.85	61.28
29	69.46	68.54	60	57.04	53.64	91	56.48	55.86
30	58.65	57.83	61	68.93	68.19	92	60.32	59.82
31	60.83	60.37	62	46.05	45.08	93	76.83	75.63
32	72.53	71.99	63	66.26	65.82	94	75.53	75.05
33	56.61	55.76	64	60.23	59.63	95	50.67	50.22
34	75.03	74.87	65	62.67	62.15	96	63.60	63.08

注：温度为 25℃。

不同条件下的腐蚀速率如图 7.5 所示。不同条件下的腐蚀速率变化趋势大致

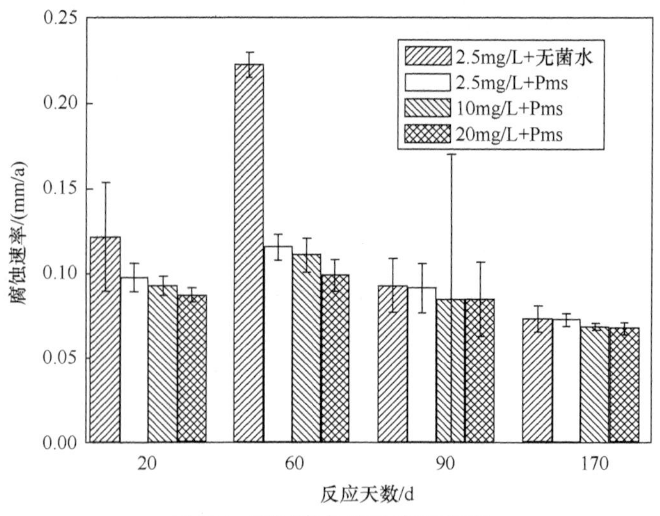

图 7.5　不同条件下的腐蚀速率

相同，都是先增大，在 60d 达到最大值，然后逐渐减小，且 170d 时不同条件下的腐蚀速率基本相同，此时铸铁块的表面可能已经形成较稳定的生物膜。相比加菌的条件下，不加菌的铸铁块腐蚀速率较快，在 60d 达到最大值 0.22mm/a。另外，在含有菌的条件下，加入的 NO_3^--N 浓度越大，腐蚀速率越慢，这说明菌和 NO_3^--N 的存在抑制了腐蚀的进行，并且菌的生命活动可能和 NO_3^--N 有关。除此之外，随着腐蚀速率的增大或减小，水中总铁浓度具有相同趋势。

7.3.2　蒙氏假单胞菌腐蚀产物特性分析

为了更好地分析腐蚀过程中发生的反应对铸铁块的影响，在 170d 之后对铸铁块表面形成的腐蚀垢进行微观形态和元素组成分析。

1) 腐蚀产物微观结构分析

在 2.5mg/L+无菌水条件下，170d 铸铁块表面的微观形貌如图 7.6 所示。图 7.6(a)是放大 1000 倍的微观表面，可以看出其表面已经形成保护膜，另外表面还含有一些质地疏松的颗粒。图 7.6(b)和(c)是放大 5000 倍和 10000 倍时的铸铁块

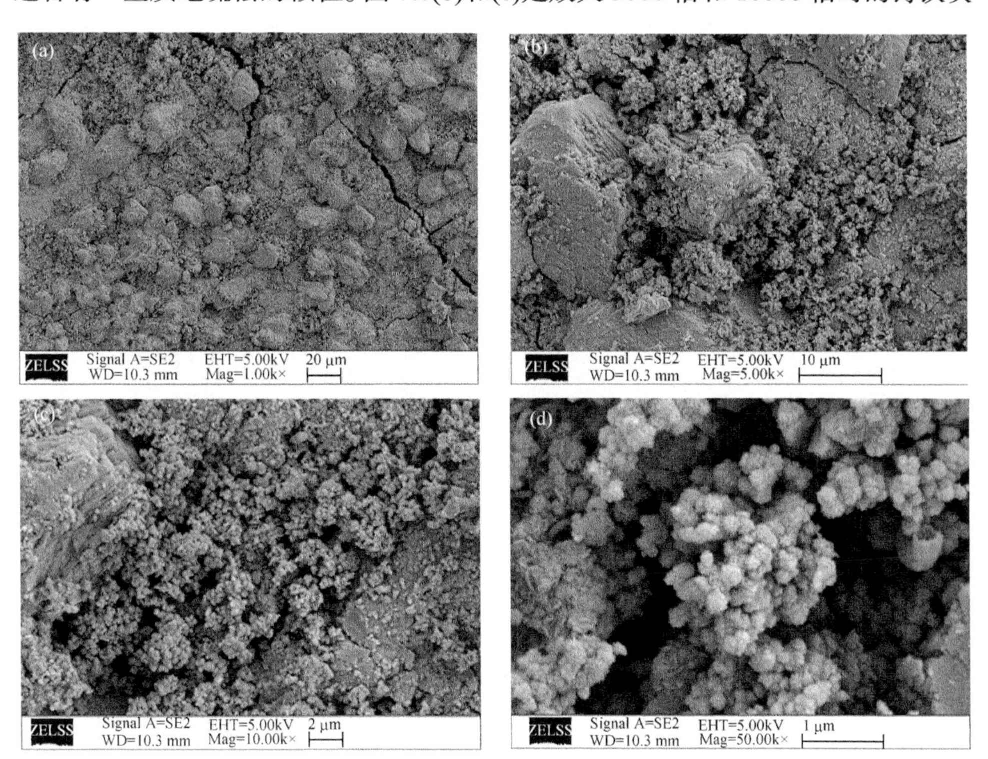

图 7.6　2.5mg/L+无菌水条件下铸铁块微观形貌

(a) 放大 1000 倍；(b) 放大 5000 倍；(c) 放大 10000 倍；(d) 放大 50000 倍

表面，能够更加清晰地观察到铸铁块表面的松散晶体结构及块状晶体。再将铸铁块表面放大到 50000 倍，如图 7.6(d)所示，此时能够观察到许多球状的颗粒聚集在一起，且质地疏松。

2.5mg/L+Pms 条件下铸铁块微观形貌如图 7.7 所示。图 7.7(a)是放大 1000 倍的铸铁块表面，可以看出此时铸铁块表面参差不齐，已经形成保护膜。然后将其放大至 5000 倍和 20000 倍，分别如图 7.7(b)和(c)所示，发现管垢表面相互重叠，呈层状结构。与 2.5mg/L+无菌水条件下的腐蚀垢相比，具有明显区别，能观察到其晶体结构更加紧密。图 7.7(d)是放大 50000 倍条件下的腐蚀垢微观表面，其表面有簇状和针状晶体结构。

图 7.7　2.5mg/L+Pms 条件下铸铁块微观形貌

(a) 放大 1000 倍；(b) 放大 5000 倍；(c) 放大 20000 倍；(d) 放大 50000 倍

10mg/L+Pms 条件下铸铁块微观形貌如图 7.8 所示。图 7.8(a)是放大 1000 倍的微观表面，相比于 2.5mg/L+Pms 条件下表面更加光滑，另外有晶体堆积。将晶体的表面放大至 20000 倍和 50000 倍，分别如图中 7.8(c)和(d)所示，发现其中含有大量的细菌，且细菌表面含有大量的球形腐蚀垢。20mg/L+Pms 条件下铸铁块微观形貌如图 7.9 所示，其与 10mg/L+Pms 条件下相差不大。相比 10mg/L+Pms，

20mg/L+Pms 条件下的杆状菌明显增多，分布密集。另外，杆状结晶体的底部有大量的丝状结晶体。

图 7.8　10mg/L+Pms 条件下铸铁块微观形貌

(a) 放大 1000 倍；(b) 放大 5000 倍；(c) 放大 20000 倍；(d) 放大 50000 倍

不同条件下的铸铁块微观形貌有所差异，但是其产物有所相同。170d 的腐蚀试验使得蒙氏假单胞菌附着在铸铁块的表面，已经形成比较稳定的生物膜，它可以抑制腐蚀的进行。

图 7.9　20mg/L+Pms 条件下铸铁块微观形貌

(a) 放大 1000 倍；(b) 放大 5000 倍；(c) 放大 20000 倍；(d) 放大 50000 倍

2) 腐蚀产物的化学组成分析

研究发现，不同的水质条件对腐蚀产物的成分影响较大。当 pH 较低时，有利于 α-FeOOH(针铁矿)的生成，pH 较高时则有利于生成 Fe_3O_4(磁铁矿)；高氧化速率和低氧化速率下分别有利于 γ-FeOOH(纤铁矿)和 α-FeOOH、Fe_3O_4 生成。当水中的碱度升高后，α-FeOOH 比 γ-FeOOH 更易形成。硫酸根离子有利于 α-FeOOH 的生成，氯离子有利于 γ-FeOOH 的生成，并阻碍 Fe_3O_4 的生成(Taylor et al., 1984)。此外，在同一管道内不同位置的管垢中 α-FeOOH、γ-FeOOH 和 Fe_3O_4 也有很大差异。

将腐蚀垢研磨成粉末进行 X 射线衍射分析，结果用 Jade 6.0 进行分析，具体结果如图 7.10 所示。

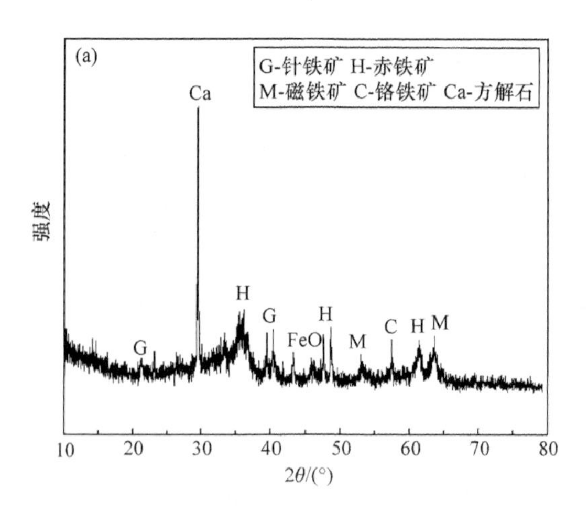

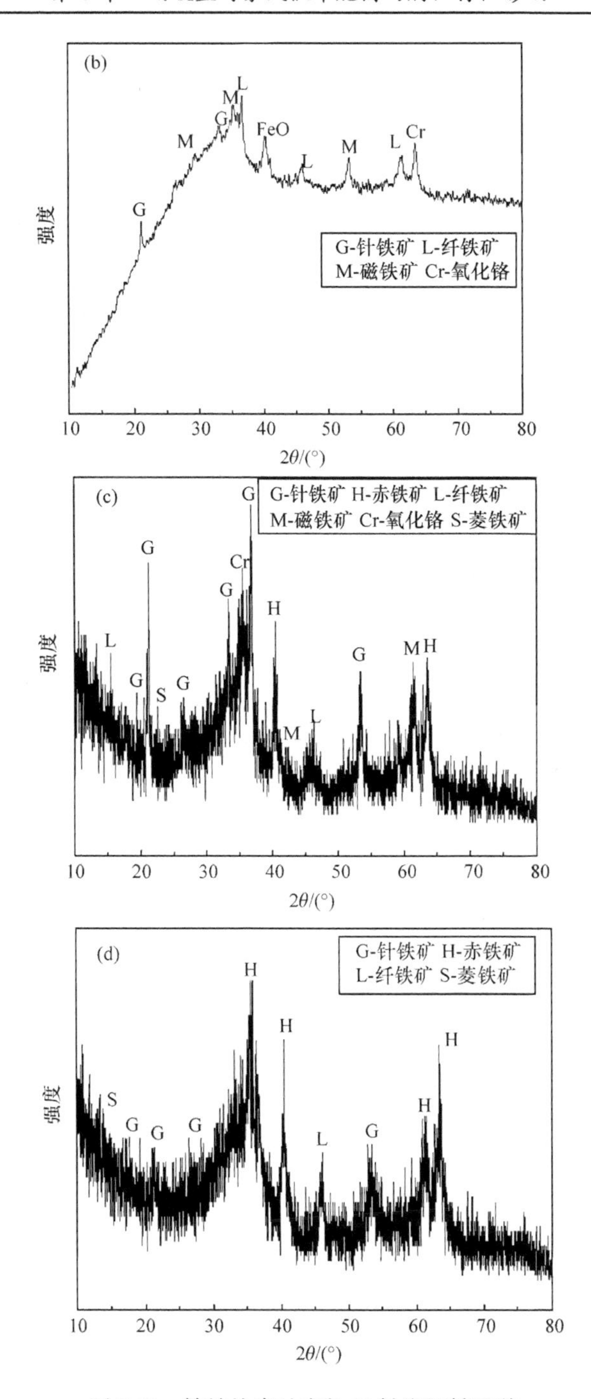

图 7.10 铸铁块腐蚀产物 X 射线衍射图谱

(a) 2.5mg/L+无菌水条件下的 X 射线衍射图谱；(b) 2.5mg/L+Pms 条件下的 X 射线衍射图谱；(c) 10mg/L+Pms 条件下的 X 射线衍射图谱；(d) 20mg/L+Pms 条件下的 X 射线衍射图谱

2.5mg/L+无菌水条件下腐蚀产物如图 7.10(a)所示，形成的腐蚀垢晶体种类较多，其成分有α-FeOOH(针铁矿)，$CaCO_3$(方解石)，铁、镁和铬的氧化物(Fe、Mg、Cr_2O_4，铬铁矿)，FeO(Li et al.，2016)，赤铁矿(Fe_2O_3)，$FeCO_3$(菱铁矿)。$FeCO_3$和 $CaCO_3$ 会被吸附于铸铁块表面形成致密的保护膜，从而抑制腐蚀的进行。因此，腐蚀进行到一定的阶段，腐蚀速率会趋于稳定。

2.5mg/L+Pms 条件下腐蚀产物如图 7.10(b)所示，相比 2.5mg/L+无菌水条件，此条件下形成的腐蚀产物种类相对较少，主要有α-FeOOH(针铁矿)、Fe_3O_4(磁铁矿)、γ-FeOOH(纤铁矿)、Cr_2O_3，且其中含有的α-FeOOH 和 Fe_3O_4 使结构更加稳定(Tuovinen et al.，1980)。

10mg/L+Pms 条件下形成的腐蚀产物如图 7.10(c)所示，其主要成分为α-FeOOH(针铁矿)、γ- FeOOH(纤铁矿)、$FeCO_3$(菱铁矿)、赤铁矿(Fe_2O_3)等(Jin et al.，2015)。

20mg/L+Pms 条件下形成的腐蚀产物如图 7.10(d)所示，其含有的晶体与10mg/L+Pms 条件下类似，主要为α-FeOOH(针铁矿)、γ- FeOOH(纤铁矿)、赤铁矿(Fe_2O_3)、$FeCO_3$(菱铁矿)等(Jorand et al.，2011)。

根据分析可以得出，四种不同条件下都含有α-FeOOH，另外随着 NO_3^--N 浓度的升高，形成的晶体结构(Fe_2O_3、Fe_3O_4)更加致密稳定，能够起到抑制腐蚀、保护管道的作用。

3) 腐蚀产物元素组成分析

不同条件下腐蚀产物的元素组成如表 7.5 所示。可以看出，腐蚀产物中铁元素占了绝大部分，也就说腐蚀产物主要是以铁氧化的形式存在。相比于加菌条件下的腐蚀产物，不加菌条件下的铁含量要低得多；不加菌条件下的 Ca 原子百分数却达到了 9.26%，比加菌条件下的 Ca 原子百分数要高得多。另外，不加菌比加菌条件下的金属原子百分数普遍要高，以 Mn 为例，不加菌条件下 Mn 原子百分数达到了 0.76%，而 2.5mg/L+Pms、10mg/L+Pms 和 20mg/L+Pms 条件下分别仅有0.40%、0.43%和 0.41%。

表 7.5　腐蚀后铸铁块的元素组成(原子百分数/%)

组别	Fe	Ca	Si	Mn	Ti	Mg	Cr	Al	Ni	V	Cu	Zn	Cl	其他
1	85.48	9.26	3.69	0.76	0.18	0.17	0.10	0.05	0.04	0.03	0.02	0.02	0.01	0.19
2	94.60	0.62	3.64	0.40	0.11	0.05	0.05	0.05	0.02	0.02	0.01	0.02	0.01	0.40
3	94.60	0.49	3.68	0.43	0.09	0.05	0.04	0.06	0.03	0.01	0.01	0.02	0.01	0.48
4	94.66	0.41	3.71	0.41	0.12	0.05	0.06	0.06	0.03	0.02	0.01	0.01	0.002	0.448

注：组别 1 为 2.5mg/L+无菌水，组别 2 为 2.5mg/L+Pms，组别 3 为 10mg/L+Pms，组别 4 为 20mg/L+Pms。

7.4 本章小结

本章主要研究了不同硝酸盐浓度条件下蒙氏假单胞细菌的腐蚀特性，主要得出以下结论。

(1) 测得不同条件下水样中 NO_3^--N 、 NO_2^--N 、 NH_4^+-N 的浓度变化，发现 NO_3^--N 转化量随着时间的延长逐渐降低，在实验初期，水中的 NO_3^--N 转化量逐渐增大，随后又逐渐降低。另外，对比 NO_2^--N 、 NH_4^+-N 的生成量发现，消耗的硝酸盐主要生成了 NH_4^+-N，且硝酸盐浓度越大，NO_2^--N 、NH_4^+-N 生成量也越大。

(2) 经过研究发现，随着硝酸盐浓度增大，水中总铁浓度和 Fe^{2+}浓度逐渐减小，这是因为蒙氏假单胞菌在硝酸盐作用下可以诱导 Fe(Ⅱ)/Fe(Ⅲ)循环。另外，随着时间的增长，水中的总铁浓度和 Fe^{2+}浓度呈现波动性减小的趋势，还发现无菌 2.5 mg/L+水条件下的水中 Fe^{2+}也处于不稳定状态。Fe^{2+}仅占有水中总铁的一小部分，大部分是颗粒状铁。

(3) 在腐蚀作用前期，随着时间的延长，腐蚀速率逐渐增加，并且此时不同条件下的腐蚀速率相差较大。当实验进行到一定程度时，反应速率逐渐降低，此时已经形成较稳定的保护膜，并且不同条件下的腐蚀速率趋于相等。除此之外，随着硝酸盐浓度增大，腐蚀速率逐渐减小，这说明硝酸盐的存在抑制了腐蚀的进行。

(4) 不加菌条件下的腐蚀产物结构疏松，加入蒙氏假单胞菌的实验组腐蚀产物结构更加紧密。经过 XRD 分析发现，不加菌条件下产物种类较多，且各种产物含量相差不大，含有菌的实验组主要含有 Fe_2O_3、α-FeOOH 这类结构更加稳定的腐蚀产物。另外，不同条件下的腐蚀产物元素组成基本相同，但是所占比例不同。无菌水条件下 Ca 原子百分数很高，而 Fe 原子百分数要低于其他条件。

参考文献

郭浩, 田一梅, 张海亚, 等, 2020. 铁质金属供水管道的内腐蚀研究进展[J]. 中国给水排水, 36(12): 70-75.

牛璋彬, 王洋, 张晓健, 等, 2006. 给水管网中管内壁腐蚀管垢特征分析[J]. 环境科学, 27(6): 1150-1154.

王占生, 刘文君, 2009. 饮用水标准及水环境安全[J]. 建设科技, 23: 44-46.

徐冰峰, 胡跃峰, 杨铎, 2004. 常用给水管网的选材分析[J]. 有色金属设计, 31(1): 60-70.

许萍, 任恒阳, 汪长征, 等, 2019. 金属表面混合微生物腐蚀及分析方法研究进展[J]. 表面技术, 48(1): 216-224.

JORAND F, ZEGEYE A, GHANBAJA J, et al., 2011. The formation of green rust induced by tropical river biofilm components[J]. Science of the Total Environment, 409(13): 2586-2596.

LI M, LIU Z, CHEN Y, 2016. Characteristics of iron corrosion scales and water quality variations in drinking water distribution systems of different pipe materials[J]. Water Research, 106(1), 593-603.

SUN H, SHI B, YANG F, 2017. Effects of sulfate on heavy metal release from iron corrosion scales in drinking water distribution system[J]. Water Research, 114(1): 69-77.

TAYLOR R, MINERALS C, 1984. Influence of chloride on the formation of iron oxides from Fe(Ⅱ) chloride. Ⅰ. Effect of [Cl]/[Fe] on the formation of magnetite[J]. Clays and Clay Minerals, 32(3): 167-174.

TUOVINEN O H, BUTTON K S, VUORINEN A, 1980, Microbiological quality of distributed water || Bacterial, chemical, and mineralogical characteristics of tubercles in distribution pipelines[J]. American Water Works Association, 72(11): 626-635.

WANG H, HU C, HAN L C, et al., 2015. Effects of microbial cycling of Fe(Ⅱ)/Fe(Ⅲ) and Fe/N on cast iron corrosion in simulated drinking water distribution systems[J]. Corrosion Science, 100: 509-606.

ZHANG A, 2010. Effect of nitrification on corrosion of galvanized iron, copper, and concrete[J]. American Water Works Association, 102(4): 83-94.

第 8 章　不同分子量 NOM 对氧化微杆菌的腐蚀特性影响

水与人们的生活息息相关，保障国民用水安全尤为重要(段利军等，2020)。目前，铸铁管在世界各国的供水系统中仍然占有很大的比重，根据国内外城市调查结果，供水管网系统中灰口铸铁、球墨铸铁和钢管的占比达到了四分之三(Veschetti，2010)。铁细菌是造成供水管道金属材料腐蚀加剧的主要微生物之一，可以在含铁的水环境下生长，对铸铁和钢材等金属材料的腐蚀有着重要影响(Starosvetsky et al.，2001)。目前，关于铁细菌及水体中存在的有机物引起的供水管道腐蚀，国内外已开展了较多的研究，并取得了一定的理论成果(刘宏伟等，2017)，但不同分子量的溶解性有机物对微生物腐蚀的影响还没有相关的研究。因此，本章主要研究不同分子量腐殖酸(humic acid，HA)对从供水管道内壁筛出的铁细菌生长的影响，以及对微生物腐蚀的影响。

本章用的铁细菌是从供水管道中筛选出来的，经鉴定为氧化微杆菌，属于好氧菌，对金属供水管道具有腐蚀作用。水中和管道中存在一定量的腐殖酸，水中的铁氧化细菌会利用腐殖酸等有机物进行生长繁殖，从而促进管道腐蚀。本章主要研究氧化微杆菌在自来水条件下对铸铁块的腐蚀过程，以及不同分子量(<1kDa、10～30kDa、>100kDa)腐殖酸对氧化微杆菌腐蚀过程的影响。

8.1　材料与方法

1. 实验仪器

本章主要用到的仪器有烧杯、玻璃棒、锥形瓶、500mL 广口瓶、移液枪及橡皮筋、试管架、牛皮纸、封口膜、口罩、橡胶手套、10mL 试管等耗材，另外一些设备及型号见表 8.1。

表 8.1　实验所用仪器设备

设备名称	设备型号
多参数水质分析仪	HACH HQ30d
无菌操作台	CJ-1

续表

设备名称	设备型号
电子分析天平	FA2004
高压蒸汽灭菌锅	LDZX-50KBS
荧光分光光度计	日立 F-7000
总有机碳分析仪	Multi N/C 2100
紫外-可见分光光度计	N4
低温离心机	L-550

2. 实验装置和操作流程

建立模拟实验系统，调节进水的水样，研究氧化微杆菌在不同水质条件下对铸铁块的腐蚀情况。通过测定反应过程中出水水质变化，并对腐蚀过后的铸铁块进行分析表征，得出不同分子量的腐殖酸对氧化微杆菌腐蚀的影响。

建立实验装置，将打磨处理后的铸铁块悬挂于 500 mL 的广口瓶中，铸铁块完全淹没于配制好的实验用水中，采用恒温磁力搅拌器使得水样与铸铁块完全接触反应，并保持温度在 30℃。本次实验配制的实验用水和反应容器均经过高温灭菌处理，共设置四组实验组，对应不同的进水条件，实验步骤如下。

(1) 实验组：分别配制无菌水+ZT-1、<1kDa HA+ZT-1、10～30kDa HA+ZT-1 和>100kDa HA+ZT-1 四个实验组。

菌液制备：将纯化后的菌株 ZT-1(氧化微杆菌)从固体培养基刮取到 LB 培养基富集培养 48h，用离心机进行离心，离心条件为 8000r/min、4℃、10min，倒去上清液，用灭菌后的 0.9%氯化钠溶液将沉淀在管底部的细菌重复洗涤两遍，确保将培养基中的有机物清洗干净。离心结束后，将离心后的细菌分散于灭菌的蒸馏水中，配制成菌液悬浊液，用于后续的实验。

(2) 每个反应器中加入的腐殖酸中 TOC 浓度在 5～10mg/L，加入的菌液含量为 5%，每隔 2d 换一次水，确保水样中细菌及碳的含量，设置一定的转速，保证细菌、腐殖酸与铸铁块充分接触。

(3) 每隔 2d 取水样测定水中的总铁浓度、Fe^{2+}浓度、溶解氧浓度和 pH。

(4) 为了研究反应器运行过程中水样 TOC 浓度的变化，在一次运行周期(2d)间隔一定的时间取反应器中的水样，用 0.45μm 的滤膜过滤掉水中的颗粒性铁，测定水样中的 TOC 浓度，并得到反应后水样中有机物的三维荧光图。

(5) 反应器分别运行 20d、40d、60d，取出铸铁块，测定其质量，利用失重法计算铸铁块的腐蚀速率。反应进行至 4d 和 60d 时，采集腐蚀产物并通过 SEM 观察其外观形貌，X 射线衍射分析晶体构成。

3. 实验用水和检测指标

实验用水来自实验室水龙头，高压蒸汽灭菌后作为无菌水，调节其中腐殖酸分子量，模拟不同的实验条件。无菌水的各项水质检测指标如表 8.2 所示，检测方法如表 8.3 所示。

表 8.2　灭菌后自来水水质检测指标

检测指标	数值
DO 浓度/(mg/L)	6.14～7.71
pH	7.28～8.20
电导率/(μS/cm)	75.5～92.6
氧化还原电位/mV	192.1～219.9
总铁浓度/(mg/L)	0.02～0.28
Fe^{2+}浓度/(mg/L)	0～0.005
TOC 浓度/(mg/L)	2.75～5.38

表 8.3　检测指标和检测方法

检测指标	检测方法
DO 浓度	HACH HQ30d 多参数水质分析仪
pH	HACH HQ30d 多参数水质分析仪
电导率	HACH HQ30d 多参数水质分析仪
氧化还原位	HACH HQ30d 多参数水质分析仪
总铁浓度	邻菲啰啉分光光度法
Fe^{2+}浓度	邻菲啰啉分光光度法
TOC 浓度	总有机碳分析仪

4. 腐蚀产物分析检测方法

在不破坏表面结构的情况下，将腐蚀反应后的铸铁块进行切割，并放入烘箱于 120℃条件下进行烘干保存，用于观察铸铁块表面的形貌。将铸铁块表面的腐蚀产物用刀片轻轻刮下，刮下的粉末状物体放入马弗炉于 200℃下烘烤 12h，将粉末中的水烘干，用于进行化学结构和元素组成分析。铸铁块的腐蚀产物测试方法见 7.1 节(Lin et al.，2001; 牛璋彬等，2006)：

腐蚀速率计算方法见 7.1 节。

8.2 水质化学参数变化

8.2.1 总铁浓度和 Fe^{2+}浓度变化

随着时间的进行，不同条件下总铁浓度的变化趋势都是先逐渐减小，然后趋于稳定。图 8.1(a)是 0～30d 总铁浓度的变化趋势，呈波动性减小。反应至 4d 时，出水总铁浓度降低至最小值，然后逐渐增大，至 8d 左右达到最大值。这可能是因为前 4d 时细菌产生的胞外聚合物和腐殖酸表面含有一些官能团,对水中的铁具有吸附作用(Enning et al.，2014；Chandra et al.，2001；Hartmann et al.，2001)，随着时间的增加，这些本来被物理吸附到细菌表面和腐殖酸表面的铁又会重新释放到水中。30d 时，无菌水+ZT-1、<1kDa HA+ZT-1、10～30kDa HA+ZT-1、>100kDa HA+ZT-1 的总铁浓度分别降低至 1.49mg/L、1.51mg/L、1.50mg/L 和 3.43mg/L。由此可以发现，腐殖酸对铁的腐蚀具有促进作用，并且随着腐殖酸分子量增大，腐蚀的效果越发明显。图 8.1(b)是 32～60d 时不同条件下出水总铁浓度，由图可以发现，52d 之后四组不同条件下出水的总铁浓度均趋于稳定。可能原因是随着反应的进行，细胞产生的胞外聚合物和腐殖酸吸附或沉积在铸铁块的表面，形成较为稳定的生物膜，生物膜的产生抑制了腐蚀的进行(Enning et al.，2014；Chandra et al.，2001；Hartmann et al.，2001)。另外，腐殖酸表面可能含有羰基、羧基、甲基、亚甲基等官能团，会与铸铁腐蚀后形成的 Fe^{2+}和 Fe^{3+}结合，形成络合物保护层，从而减缓腐蚀(梁田园等，2020)，因此出水中总铁浓度不断减小。32～52d，出水中总铁浓度较大，可能是因为>100kDa HA 的粒径较大，形成的生物膜很不稳定，容易从铸铁块表面脱落。

图 8.1(c)和(d)是 0～60d 的 Fe^{2+}浓度变化趋势图，由图可以看出，出水中 Fe^{2+}浓度变化和总铁浓度大体一致，都随时间逐渐减小。0～30d 时，无菌水+ZT-1、<1kDa HA+ZT-1、10～30kDa HA+ZT-1 中出水 Fe^{2+}浓度逐渐减小，而>100kDa HA+ZT-1 出现波动性减小的情况。32～60d 时，无菌水+ZT-1、<1kDa HA+ZT-1 和 10～30kDa HA+ZT-1 条件下出水的 Fe^{2+}浓度趋于稳定，而>100kDa HA+ZT-1 在 32～44d 时 Fe^{2+}浓度仍然有较大幅度的波动，44d 之后基本趋于稳定。Fe^{2+}浓度仅占总铁浓度的 5%～10%，说明腐蚀造成的铁释放主要以颗粒态沉淀形式存在。

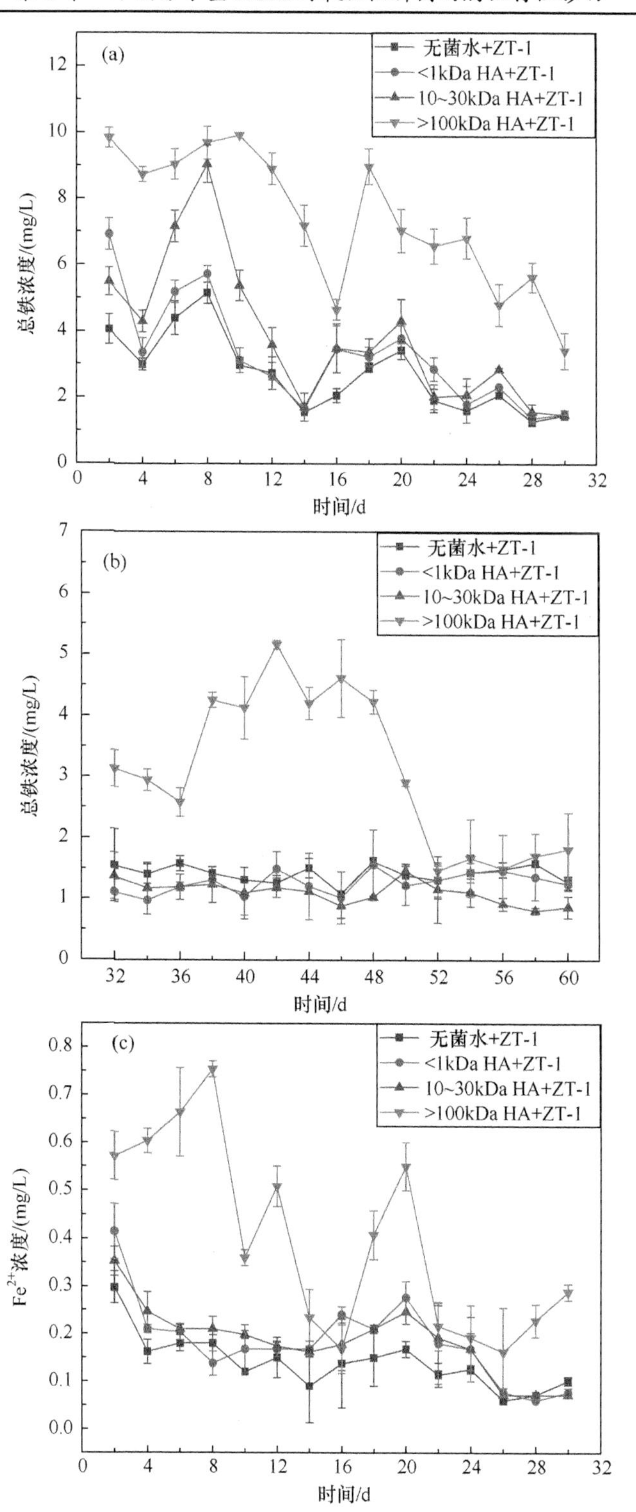
(a)
无菌水+ZT-1
<1kDa HA+ZT-1
10~30kDa HA+ZT-1
>100kDa HA+ZT-1
总铁浓度/(mg/L)
时间/d
(b)
无菌水+ZT-1
<1kDa HA+ZT-1
10~30kDa HA+ZT-1
>100kDa HA+ZT-1
总铁浓度/(mg/L)
时间/d
(c)
无菌水+ZT-1
<1kDa HA+ZT-1
10~30kDa HA+ZT-1
>100kDa HA+ZT-1
Fe2+浓度/(mg/L)
时间/d

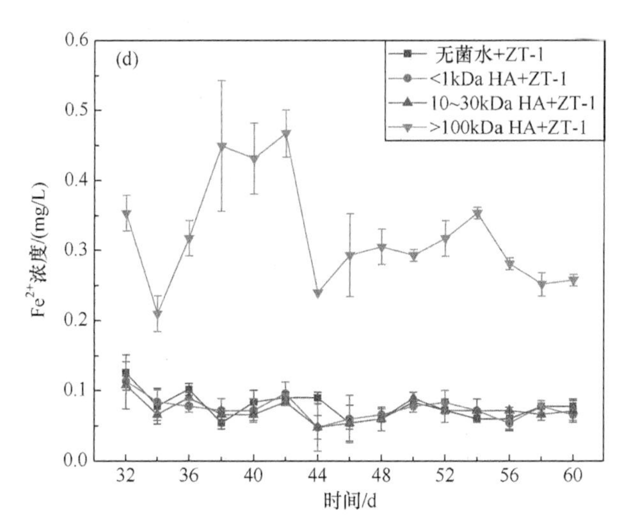

图 8.1 不同条件下总铁浓度、Fe^{2+}浓度随时间的变化

(a) 0～30d 总铁浓度的变化；(b) 32～60d 总铁浓度的变化；(c) 0～30d Fe^{2+}浓度的变化；(d) 32～60d Fe^{2+}浓度的变化

8.2.2 溶解氧浓度和 pH 变化

pH 变化会影响细菌细胞膜表面的电荷，从而影响细菌对营养物质的吸收；同时，pH 会影响细菌的酶活性，pH 过高或过低都会影响细菌的生长繁殖。在微生物腐蚀过程中，溶解氧的存在一方面促进电化学腐蚀的进行，另一方面为微生物腐蚀中的好氧细菌提供生长所需的氧气。溶解氧会在金属管道内壁表面形成大面积的阴极区，金属作为阳极点，形成原电池，从而加速供水管道金属材料的腐蚀。铁细菌属于好氧菌，因此溶解氧对铁细菌的生长繁殖影响较大，当供水管道中的溶解氧浓度过低时，铁细菌的生长可能会受到抑制，随着溶解氧浓度增大，铁细菌生长逐渐变好(武素茹等，2008)。不同条件下反应前后的 pH 和溶解氧浓度分别如图 8.2 和图 8.3 所示。

由图 8.2 和图 8.3 可知，反应之后水中的 pH 有轻微升高，而溶解氧浓度有所降低。可能原因是反应器中发生了吸氧腐蚀，消耗了水中的氧气，生成 OH^-；另外，氧化微杆菌属于好养菌，其利用水中的溶解氧进行生命活动产生碱性物质(刘宏伟等，2017)。

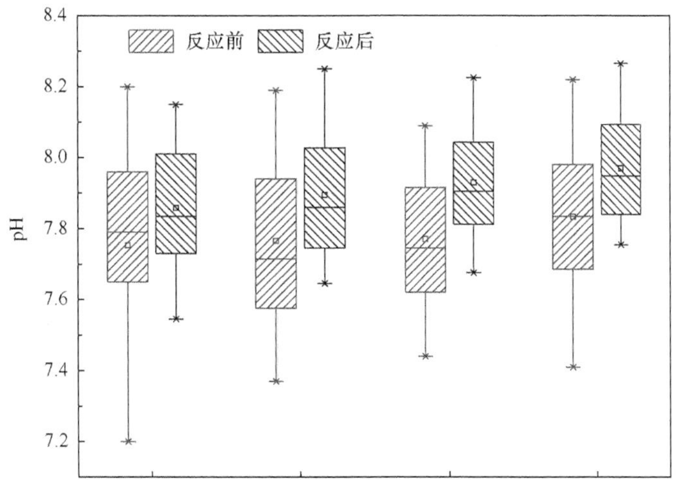

图 8.2　不同条件下反应前后的 pH

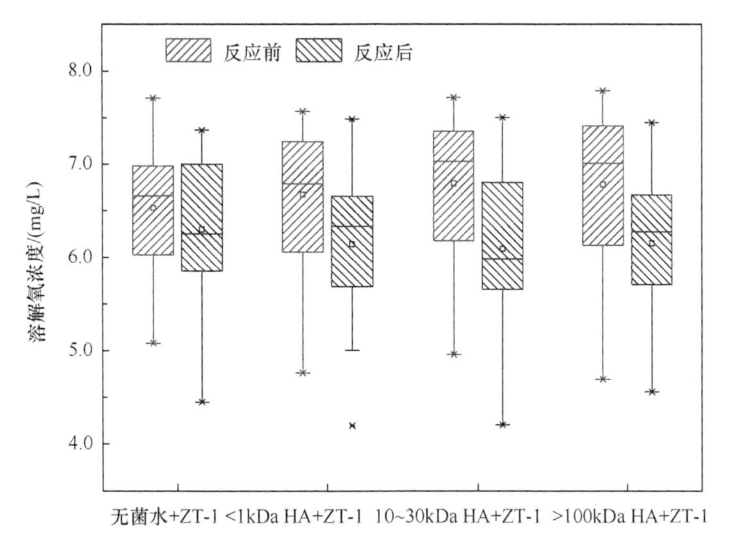

图 8.3　不同条件下反应前后的溶解氧浓度

8.2.3　总有机碳浓度变化

管道水中携带的少量有机物可以为浮游及固着在管道内壁的微生物生长繁殖提供所需要的营养物质。水中绝大多数的有机物为溶解性天然有机物，由腐殖质组成，根据腐殖质在酸和碱中的溶解性质不同，腐殖质主要分为三类：胡敏素、腐殖酸(HA)和富里酸(FA)，腐殖酸是其中最具有代表性的物质(Lee et al., 2018; 吴思，2011)。

图 8.4 是不同条件下 TOC 浓度的变化趋势。由图可知，随着反应的进行，反应器中 TOC 浓度逐渐降低，并且在前 6h TOC 浓度出现急剧降低的情况，反应 48h 后，四种不同条件下的腐殖酸浓度降低至同一水平。

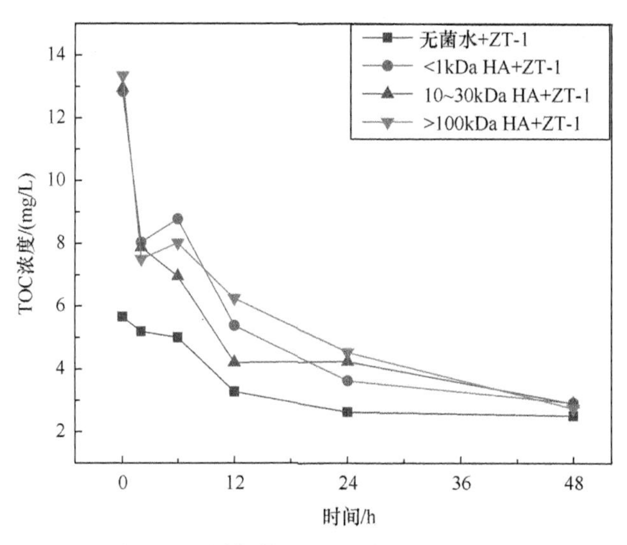

图 8.4　不同条件下 TOC 浓度的变化趋势

8.3　氧化微杆菌腐蚀速率与腐蚀产物特性分析

8.3.1　氧化微杆菌腐蚀速率测定

采用失重法计算铸铁块的腐蚀速率，称量腐蚀前后铸铁块的质量，铸铁块的质量变化如表 8.4 所示。

表 8.4　氧化微杆菌腐蚀实验的铸铁块质量变化

编号	m_0/g	m/g	编号	m_0/g	m/g
1	72.2545	71.8920	10	47.9198	47.2806
2	62.2545	61.6584	11	71.7961	71.1524
3	66.6439	66.2929	12	50.5244	50.1594
4	69.4845	68.8892	13	55.5401	55.1830
5	65.7359	65.1186	14	60.2389	59.8584
6	65.8526	65.1951	15	57.6801	57.3420
7	61.0943	60.4771	16	60.8177	60.4629
8	62.8303	62.4386	17	56.5276	55.8850
9	52.1022	51.7449	18	65.2570	64.8523

续表

编号	m_0/g	m/g	编号	m_0/g	m/g
19	49.1260	48.4534	34	60.2827	59.9063
20	53.0468	52.3944	35	59.6360	59.2960
21	66.2586	65.8867	36	61.9761	61.6500
22	75.3885	74.9678	37	56.5720	56.2180
23	68.0958	67.7310	38	59.5238	59.2361
24	65.6908	65.3310	39	53.2365	52.9040
25	54.4375	53.8328	40	74.9060	74.5346
26	57.5697	56.9571	41	70.0512	69.7154
27	61.7560	61.1140	42	69.2266	68.8602
28	58.5872	58.0044	43	64.6063	64.1951
29	65.5846	64.9658	44	79.1693	78.8061
30	60.2285	59.8583	45	57.9582	57.6482
31	60.8691	60.4976	46	55.0595	54.6651
32	55.8094	55.4496	47	68.2398	67.8748
33	71.9048	71.3290	48	60.2244	59.9064

图 8.5 为氧化微杆菌腐蚀实验中不同条件下的铸铁块腐蚀速率。由图可知，前 20d 铸铁块腐蚀速率最大，随着腐殖酸分子量的增大，腐蚀速率不断加快。这说明腐殖酸的存在促进了铁腐蚀，可能原因是腐殖酸的表面有带负电的基团，这些基团可能与三价铁离子发生反应，形成疏松的不溶于水的物质沉淀在管道表面，

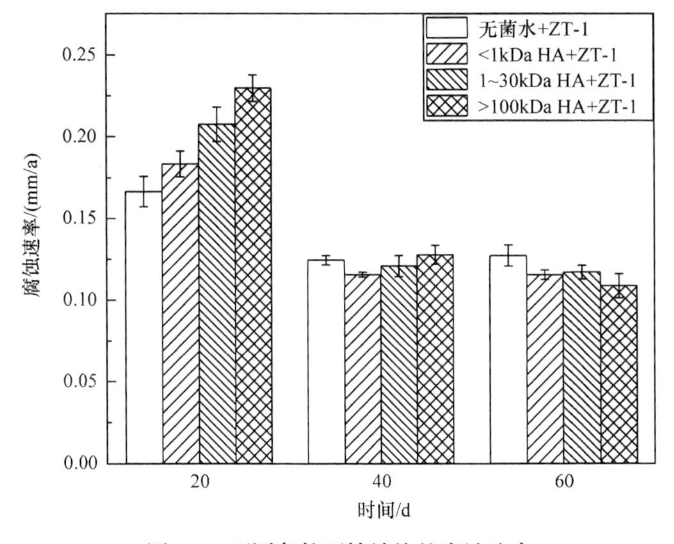

图 8.5　不同条件下铸铁块的腐蚀速率

从而促进腐蚀。也可能是腐殖酸的添加促进了管道中铁腐蚀细菌的生长繁殖，细菌本身的物质也能直接或间接发生电化学反应，从而促进腐蚀。还有可能是腐殖酸表面的活性基团与铸铁块表面的铁氧化物发生配位交换、静电作用和疏水作用，不利于致密保护膜的形成(冯萃敏等，2018)。粒径较大的腐殖酸形成的生物膜不稳定，容易受到水力条件等作用的影响，生物膜受到破坏。因此，分子粒径越大，腐蚀速率越大。

反应进行到 40d 和 60d 时，铸铁块的腐蚀速率基本已经达到一个稳定的数值，并且腐蚀速率相差不大，这可能是因为铸铁块的表面可能已经形成了比较稳定的生物膜和铁氧化物保护层(Zhu et al.，2014；Zhang，2010)，主要包括 Fe_2O_3 等致密铁氧化物，铁腐蚀细菌产生的胞外聚合物、腐殖酸和腐蚀产物形成的络合物。60d 时形成的保护膜已经非常稳定，对铁腐蚀的发生具有抑制作用，因此此时加了腐殖酸的铸铁块要比不加腐殖酸的铸铁块腐蚀速率更低。

8.3.2　氧化微杆菌腐蚀产物特性分析

1. 腐蚀产物微观特征分析

腐蚀试验进行到 4d 和 60d 时，分别刮下铸铁块上的腐蚀产物用扫描电镜进行分析。图 8.6 是无菌水+ZT-1 条件下铸铁块腐蚀 4d 的微观形貌，其中图 8.6(a)是放大 15000 倍腐蚀产物的微观形貌。由图可知，腐蚀产物表面含有一些絮状体，细菌及细菌分泌的产物黏着在腐蚀产物表面。图 8.6(b)～(e)是放大 40000 的腐蚀产物微观形貌，图 8.6(b)是针状的针铁矿(α-FeOOH)，还有一些板状堆叠的正方针铁矿(β-FeOOH)，图 8.6(c)是呈团簇花状的纤铁矿(γ-FeOOH)，图 8.6(d)是呈小球状的赤铁矿(Fe_2O_3)，图 8.6(e)是密度较大的球状磁铁矿(Fe_3O_4)。

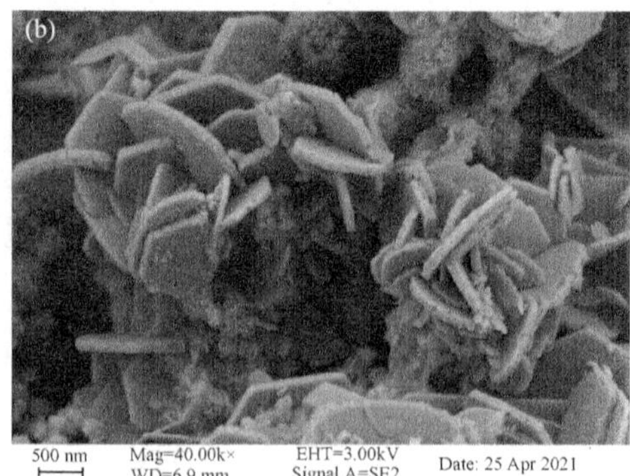

图 8.6　无菌水+ZT-1 条件下铸铁块腐蚀 4d 的微观形貌

(a) 放大 15000 倍；(b)～(e) 放大 40000 倍

图 8.7 是<1kDa HA+ZT-1 条件下铸铁块腐蚀 4d 的微观形貌。由图可以看出，相比于无菌水+ZT-1，加了腐殖酸的腐蚀产物表面有一些络合物，保护膜也更加紧实，并且表面含有较多的正方体块状物质，这是 Fe_3O_4 的典型结构。除此之外，产物主要有针铁矿(α-FeOOH)、赤铁矿(Fe_2O_3)、纤铁矿(γ- FeOOH)。

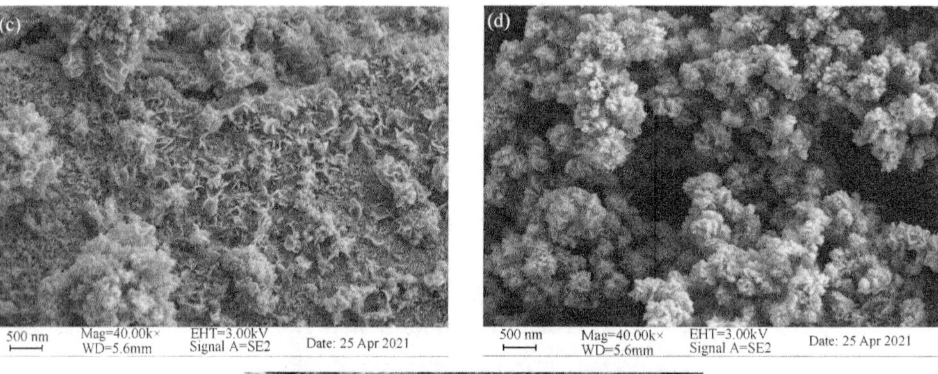

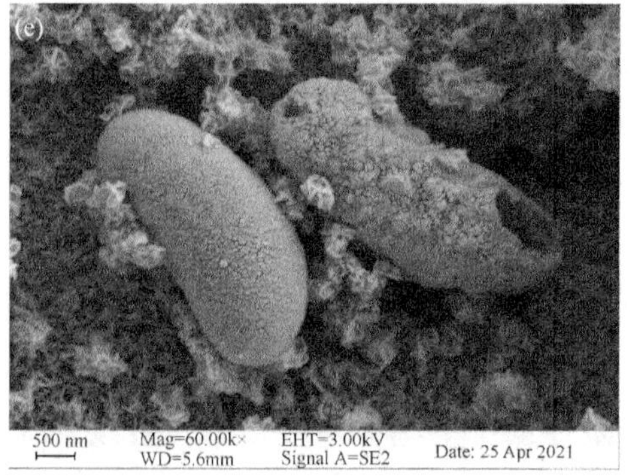

图 8.7　<1kDa HA+ZT-1 条件下铸铁块腐蚀 4 d 的微观形貌

(a) 放大 3000 倍；(b)～(d) 放大 40000 倍；(e) 放大 60000 倍

图 8.8 和图 8.9 分别是 10～30kDa HA +ZT-1、>100kDa HA+ZT-1 条件下铸铁块腐蚀 4d 的微观形貌。其产物与<1kDa HA+ZT-1 类似，主要是针铁矿(α-FeOOH)、赤铁矿(Fe_2O_3)、纤铁矿(γ-FeOOH)和磁铁矿(Fe_3O_4)。

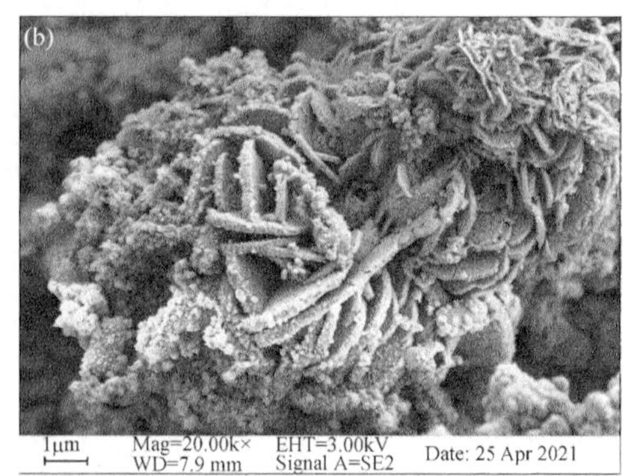

图 8.8　10～30kDa HA+ZT-1 条件下铸铁块腐蚀 4 d 的微观形貌

(a) 针铁矿(α-FeOOH)；(b) 赤铁矿(Fe_2O_3)；(c) 纤铁矿(γ-FeOOH)；(d) 磁铁矿(Fe_3O_4)；均放大 20000 倍

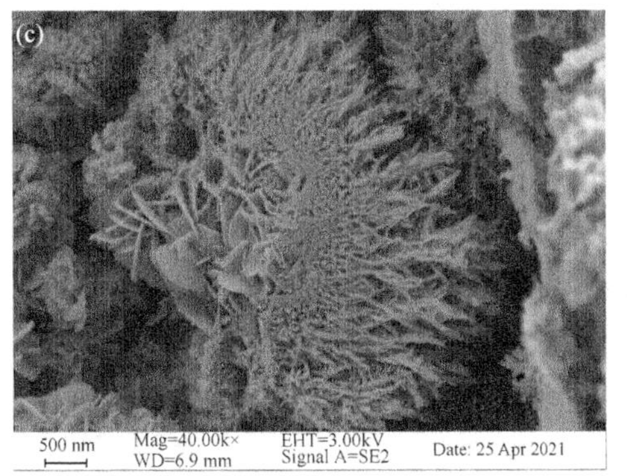

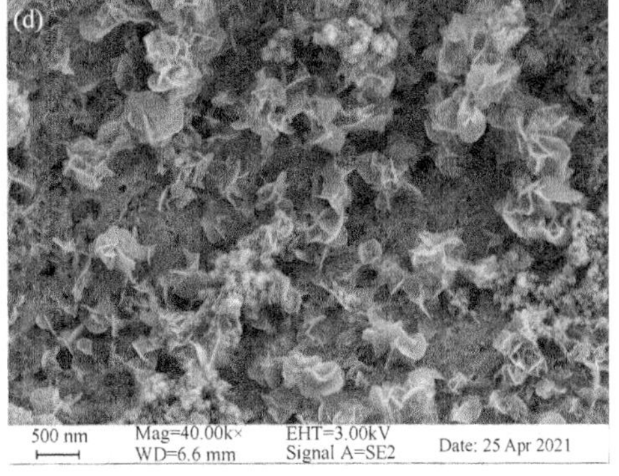

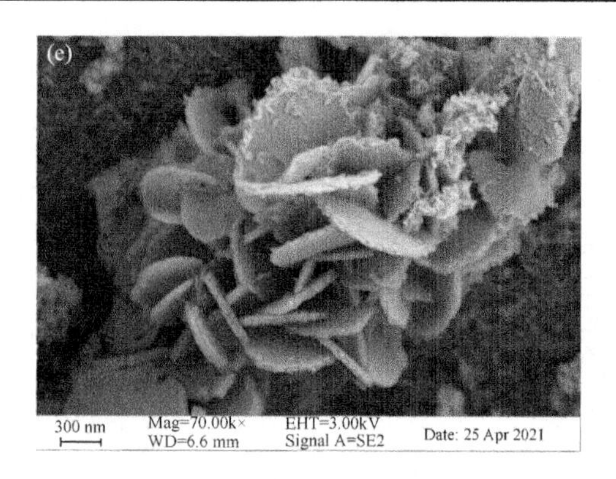

图 8.9　>100kDa HA+ZT-1 条件下铸铁块腐蚀 4d 的微观形貌

(a) 放大 15000 倍；(b) 放大 20000 倍；(c)、(d) 放大 40000 倍；(e) 放大 70000 倍

图 8.10 为无菌水+ZT-1 条件下铸铁块腐蚀 60d 的微观形貌。可以发现，腐蚀垢的主要产物是赤铁矿(Fe_2O_3)和磁铁矿(Fe_3O_4)，还含有少量的α-FeOOH。

图 8.10　无菌水+ZT-1 条件下铸铁块腐蚀 60d 的微观形貌

(a) 放大 5000 倍；(b) 放大 20000 倍

图 8.11 为<1kDa HA+ZT-1 条件下铸铁块腐蚀 60d 的微观形貌。由图可以看

图 8.11　<1kDa HA+ZT-1 条件下铸铁块腐蚀 60d 的微观形貌

(a) 放大 1000 倍；(b) 放大 5000 倍

出，铸铁块表面形成了一层致密的保护膜，保护膜上含有较多的赤铁矿(Fe_2O_3)和磁铁矿(Fe_3O_4)。另外，含有少量的α-FeOOH 和 γ- FeOOH。

图 8.12 为 10～30kDa HA+ZT-1 条件下铸铁块腐蚀 60d 的微观形貌。在此条件下形成的保护膜更加紧密，且同样以赤铁矿(Fe_2O_3)和磁铁矿(Fe_3O_4)为主。

图 8.12　10～30kDa HA+ZT-1 条件下铸铁块腐蚀 60d 的微观形貌
(a) 放大 1000 倍；(b) 放大 20000 倍

图 8.13 为>100kDa HA+ZT-1 条件下铸铁块腐蚀 60d 的微观形貌。该条件下形成的保护膜多且厚，只能观察到大量的磁铁矿(Fe_3O_4)晶体结构。

图 8.13　>100kDa HA+ZT-1 条件下铸铁块腐蚀 60d 的微观形貌
(a) 放大 1000 倍；(b) 放大 5000 倍

通过对比不同时间及不同条件下的腐蚀产物，发现 4d 的腐蚀产物种类较多，有呈针状的α-FeOOH、板状的 β-FeOOH、团簇花状和蜂窝状的 γ-FeOOH，还有呈小球状的赤铁矿(Fe_2O_3)和球状的磁铁矿(Fe_3O_4)，并且结构比较松散。60d 之后腐蚀产物的结构以小球状的赤铁矿(Fe_2O_3)和球状的磁铁矿(Fe_3O_4)为主，整体结构比较紧密，另外，还有细菌及其产物和腐殖酸等覆盖在腐蚀产物表面，所以观察到的腐蚀产物晶体结构较少。

2. 腐蚀产物化学组成分析

采用X射线衍射分析腐蚀产物的晶体构成，测试结果利用Jade 6.0进行分析，分析结果如图8.14和图8.15所示(Li et al.，2016；Jin et al.，2015；Jorand et al.，2011)，由图可知，腐蚀4d后，腐蚀产物种类较多，主要有α-FeOOH(针铁矿)、γ-FeOOH(纤铁矿)、Fe_2O_3(赤铁矿)、Fe_3O_4(磁铁矿)、β-FeOOH(正方针铁矿)，并且β-FeOOH、γ-FeOOH等结构松散的铁氧化物含量较高。另外可以观察到，>100kDa HA+ZT-1条件下γ-FeOOH和Fe_2O_3的强度较其他三种条件下有所上升。60d之后腐蚀产物主要为结构稳定的α-FeOOH、Fe_2O_3和Fe_3O_4。

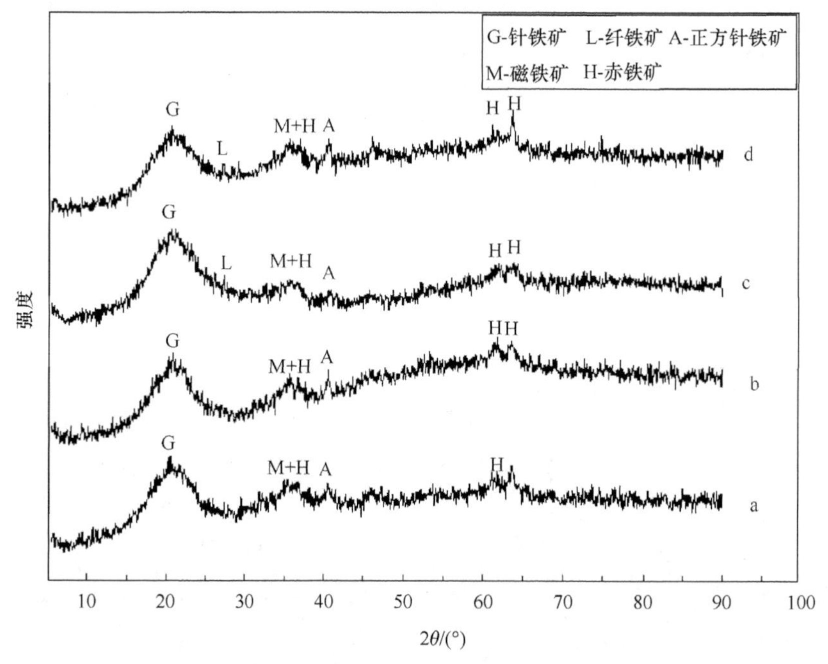

图8.14 铸铁块腐蚀4d腐蚀产物X射线衍射图谱

a-无菌水+ZT-1 X射线衍射图谱；b-<1kDa HA+ZT-1 X射线衍射图谱；c-10～30kDa HA+ZT-1 X射线衍射图谱；d- >100kDa HA+ZT-1 X射线衍射图谱

由此可以推断，腐蚀4d时腐殖酸的加入促进腐蚀的发生，腐蚀产物中松散铁氧化物并不能阻止腐蚀的进行，因此腐蚀速率逐渐提高。随着反应的进行，α-FeOOH、Fe_2O_3和Fe_3O_4更加稳定的腐蚀产物、腐殖酸和细菌分泌物产生，并且附着在管道的表面，从而抑制了腐蚀的进行。另外，腐殖酸和细菌分泌物附着在腐蚀产物表面，使得铁的氧化物的结晶度变差，从而影响了XRD的出峰。

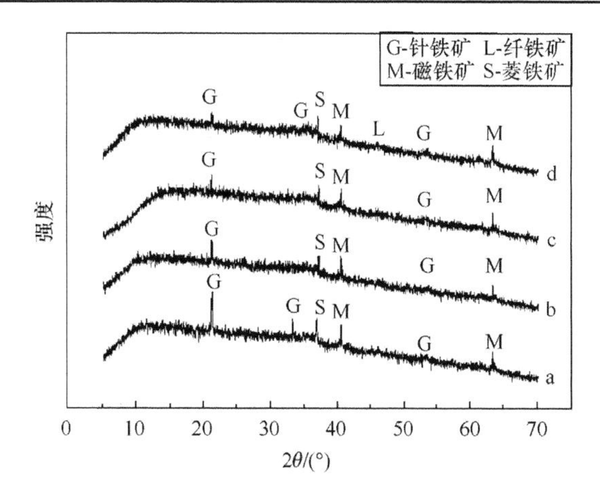

图 8.15　铸铁块腐蚀 60d 腐蚀产物 X 射线衍射图谱

a-无菌水+ZT-1 X 射线衍射图谱；b- <1kDa HA+ZT-1 X 射线衍射图谱；
c-10～30kDa HA+ZT-1 X 射线衍射图谱；d- >100kDa HA+ZT-1 X 射线衍射图谱

3. 腐蚀产物元素组成分析

腐蚀产物的主要元素组成如表 8.5 所示，由表可以看出，四种不同条件下的腐蚀产物中 Fe 原子百分数最大，其次为 Si、Ca、Mn，其他金属元素的原子百分数较小，并且 Mn、Ti、Ni、Zn 原子百分数相差不大，即腐蚀产物主要是以铁氧化物为主。另外，相比加菌时，不加菌条件下的 Al 原子百分数较小，仅有 0.08%，<1kDa HA+ZT-1、10～30kDa HA+ZT-1、>100kDa HA+ZT-1 条件下的 Al 原子百分数分别达到了 0.12%、0.11%和 0.23%。

表 8.5　铸铁块表面腐蚀产物的主要元素组成(原子百分数/%)

组别	Fe	Si	Ca	Mn	Mg	Al	Zn	Ti	Ni	Sr	Cu	K	Cr
1	93.54	4.28	1.18	0.32	0.08	0.08	0.05	0.016	0.01	0.01	0.01	0.009	0.002
2	93.01	4.79	1.01	0.31	0.12	0.12	0.04	0.026	0.02	0.02	0.013	0.013	0.016
3	93.29	4.70	0.92	0.31	0.11	0.11	0.04	0.024	0.01	0.01	0.007	0.013	0.007
4	93.28	4.49	1.12	0.26	0.09	0.23	0.03	0.016	0.01	0.01	0.005	0.017	0.001

注：组别 1、2、3、4 分别代表无菌水+ZT-1、<1kDa HA+ZT-1、10～30kDa HA+ZT-1、>100kDa HA+ZT-1 条件。

8.4　本 章 小 结

本章主要研究了氧化微杆菌在不同分子量腐殖酸条件下的铸铁块腐蚀过程，主要得出以下结论。

(1) 对反应过程中 60d 的出水总铁浓度和 Fe^{2+}浓度变化进行了检测，结果发现前 30d 四种不同条件下的总铁浓度呈波动性减小，并且随着腐殖酸分子量的增大，出水中总铁浓度增大，Fe^{2+}与总铁情况类似。这种现象说明腐殖酸的加入对腐蚀反应的进行起到促进作用，随着时间的进行和腐殖酸的铁细菌在铸铁块表面附着，水中铁会被吸附到铸铁块的表面。32～60d 时，无菌水+ZT-1、<1kDa HA+ZT-1 和 10～30kDa HA+ZT-1 条件下出水的 Fe^{2+}浓度趋于稳定，而 >100kDa HA+ZT-1 仍然有较大幅度的波动，这可能是因为腐殖酸粒径较大，形成的生物膜不稳定。Fe^{2+}浓度仅占总铁浓度的 5%～10%，说明腐蚀造成的铁释放主要以颗粒态沉淀形式存在。

(2) 对反应前后水中的溶解氧浓度和 pH 进行检测，发现溶解氧浓度降低而 pH 有所升高，可能原因是发生了吸氧腐蚀，消耗了水中的氧气生成了 OH^-，也可能是氧化微杆菌利用水中的氧气进行生命活动，生成了碱性的物质。

(3) 对水中的有机碳浓度进行了检测，发现水中的有机碳浓度均有所降低，这说明随着腐蚀的发生会消耗水中的腐殖酸。

(4) 前 20d 铸铁块的腐蚀速率较大，并且随着腐殖酸分子量的增大，腐蚀速率逐渐增大。这说明腐殖酸的存在促进了腐蚀的发生，可能原因是腐殖酸表面含有的官能团与 Fe^{3+}发生反应，不利于紧密铁氧化物的产生，从而促进了腐蚀的进行。随着时间的进行，产生了致密的铁氧化物，且腐殖酸和细菌分泌物附着在铸铁块表面，抑制了腐蚀的发生。

(5) 分别在 4d、60d 将铸铁块从反应器中取出，对其产物进行 SEM、XRD 分析，发现 4d 时腐蚀产物种类丰富且结构松散不稳定，产物主要有α-FeOOH、γ-FeOOH、β-FeOOH、Fe_2O_3 和 Fe_3O_4。60d 的产物以稳定的 Fe_2O_3 和 Fe_3O_4 晶体为主，且结构紧密。反应过程中生物膜和腐殖酸不断积累在铸铁块表面，铁氧化物被覆盖，出现 XRD 出峰较差的情况。

参 考 文 献

段利军, 马建涛, 2020. 生活饮用水水质检测的重要性分析[J]. 质量安全与检验检测, 30(5): 148-149.

冯萃敏, 安鑫悦, 张欣蕊, 等, 2018. 再生水中腐殖酸对铸铁管的腐蚀机制研究[J]. 腐蚀科学与防护技术, 30(1): 49-54.

梁田园, 裴学政, 朱晓丽, 等, 2020. 微生物抑制金属腐蚀机理的研究进展[J]. 微生物学通报, 47(12): 9.

刘宏伟, 刘宏芳, 2017. 铁氧化菌引起的钢铁材料腐蚀研究进展[J]. 中国腐蚀与防护学报, 37(3): 12.

牛璋彬, 王洋, 张晓健, 等, 2006. 给水管网中管内壁腐蚀管垢特征分析[J]. 环境科学, 6: 1150-1154.

田园, 裴学政, 朱晓丽, 等, 2020. 微生物抑制金属腐蚀机理的研究进展[J]. 微生物学通报, 47(12): 4260-4268.

吴思, 2011.溶液环境对金属氧化物/水界面上 NOM 吸附过程中疏水效应的影响研究[D]. 武汉：武汉理工大学.

武素茹, 段继周, 杜敏, 等, 2008. 硫酸盐还原细菌和铁还原细菌混合生物膜对碳钢腐蚀的影响[J]. 材料开发与应用, 3: 53-56.

CHANDRA J, KUHN D M, MUKHERJEE P K, et al., 2001. Biofilm formation by the fungal pathogen Candida albicans: Development, architecture, and drug resistance[J]. Journal of Bacteriology, 183(18): 5385-5394.

ENNING D, GARRELFS J, 2014. Corrosion of iron by sulfate-reducing bacteria: New views of an old problem[J]. Applied and Environmental Microbiology, 80(4): 1226-1236.

HARTMANN D L, MOY L A, QIANG F, 2001. Erratum: Biofilm formation and dispersal and the transmission of human pathogens[J]. Journal of Climate, 14(24): 4495-4511.

JIN J, WU G, GUAN Y, 2015. Effect of bacterial communities on the formation of cast iron corrosion tubercles in reclaimed water[J]. Water Research, 71: 207-218.

JORAND F, ZEGEYE A, GHANBAJA J, et al., 2011. The formation of green rust induced by tropical river biofilm components[J]. Science of the Total Environment, 409(13): 2586-2596.

LEE M H, OSBURN C L, SHIN KH, et al., 2018. New insight into the applicability of spectroscopic indices for dissolved organic matter (DOM) source discrimination in aquatic systems affected by biogeochemical processes[J]. Water Research, 147: 164-176.

LI M, LIU Z, CHEN Y, et al., 2016. Characteristics of iron corrosion scales and water quality variations in drinking water distribution systems of different pipe materials[J]. Water Research, 106(Dec.1): 593-603.

LIN J P, ELLAWAY M, ADRIEN R, 2001. Study of corrosion material accumulated on the inner wall of steel water pipe[J]. Corrosion Science, 43(11): 2065-2081.

STAROSVETSKY D, ARMON R, YAHALOM J, et al., 2001. Pitting corrosion of carbon steel caused by iron bacteria[J]. International Biodeterioration & Biodegradation, 47(2): 79-87.

VESCHETTI E, 2010. Migration of trace metals in Italian drinking waters from distribution networks[J]. Toxicological and Environmental Chemistry, 92(3): 521-535.

ZHANG A, 2010. Effect of nitrification on corrosion of galvanized iron, copper, and concrete. American Water Works Association. Journal, 102(4): 83-94.

ZHU Y, WANG H, LI X, et al., 2014. Characterization of biofilm and corrosion of cast iron pipes in drinking water distribution system with UV/Cl_2 disinfection[J]. Water Research, 60(1): 174-181.